青岛市建筑工程质量安全手册实施细则
（质量篇）

组织编写：青岛市建筑工程管理服务中心
中青建安建设集团有限公司
青建集团股份公司

U0190267

中国海洋大学出版社

·青岛·

图书在版编目（CIP）数据

青岛市建筑工程质量安全手册实施细则.质量篇/青岛市建筑工程管理服务中心，中青建安建设集团有限公司，青建集团股份公司组织编写.—青岛：中国海洋大学出版社，2022.6

ISBN 978-7-5670-3175-3

Ⅰ.①青… Ⅱ.①青… ②中… ③青… Ⅲ.①建筑工程—工程质量—质量管理—青岛—手册 Ⅳ.①TU712.3-62

中国版本图书馆 CIP 数据核字（2022）第 095803 号

QINGDAOSHI JIANZHU GONGCHENG ZHILIANG ANQUAN
SHOUCE SHISHI XIZE（ZHILIANGPIAN）

出版发行	中国海洋大学出版社
社　　址	青岛市香港东路 23 号　　邮政编码　266071
网　　址	http://pub.ouc.edu.cn
出 版 人	杨立敏
责任编辑	矫恒鹏
电　　话	0532-85902349
电子信箱	2586345806@qq.com
印　　制	青岛国彩印刷股份有限公司
版　　次	2022 年 7 月第 1 版
印　　次	2022 年 7 月第 1 次印刷
成品尺寸	185 mm × 260 mm
印　　张	6.75
字　　数	238 千
印　　数	1-6000
定　　价	68.00 元
订购电话	0532-82032573（传真）

发现印装质量问题，请致电 0532-58700166，由印刷厂负责调换。

编委会

主　　编：孙　雷

副主编：葛宏翔　孙贵柱　况成强　孙邦君

编　　委：黄雪峰　李　恒　曹京强　樊建军　魏范刚　王克俭　郑　翰　王同兵

　　　　　孙　炀　郭宏山　孙海生　王大成　仲　意　宋述升　杨海龙　杨海江

　　　　　于海涛　台道松　刘志强　刘志生　黄运昌　董世凯

前　言

为贯彻落实住建部质量安全手册制度，指导企业完善质量管理体系，规范企业质量行为，落实企业主体责任，推动建筑业高质量发展，青岛市建筑工程管理服务中心联合中青建安建设集团有限公司、青建集团股份公司编写了《青岛市建筑工程质量安全手册实施细则（试行）（质量篇）》。

本书根据房屋建筑工程质量管理相关的现行法律法规、工程建设标准、规范、规范性文件编写，主要内容包括总则、基本要求、质量行为要求、实体施工质量、质量管理资料五部分内容，每部分内容均明确对应了具体的实施对象、实施条款、实施依据及实施内容。

本书的章节编号与住建部印发的《工程质量安全手册（试行）》一致，并采用表格的形式，便于读者对照查阅。本书只涉及《工程质量安全手册（试行）》中工程质量方面的内容，不涉及第4章，第6章和其他部分与工程质量无关的内容，本书的章节编号只有1、2、3、5，没有4，6，特此说明。

本书可作为青岛市房屋建筑工程质量管理工具书，也可供其他从事房屋建筑工程质量管理的人员参考使用。

执行过程中如有意见或建议，请寄送青岛市建筑工程管理服务中心（青岛市市南区澳门路121号，邮编266071），以供今后修订时参考。

编委会

2022 年 4 月 22 日

目 录 .

序号	编号	类别	实施对象	实施条款	实施依据	实施内容
1	1	总则				
2	1.1		目的	完善企业质量管理体系，规范企业质量行为，落实企业主体责任，提高质量管理水平，保证工程质量，提高人民群众满意度，推动建筑业高质量发展。		
3	1.2		编制依据	1.2.1 法律法规 （1）《中华人民共和国建筑法》 （2）《建设工程质量管理条例》 （3）《建设工程勘察设计管理条例》		
				1.2.2 部门规章、政府规章 （1）《房屋建筑和市政基础设施工程施工图设计文件审查管理办法（住房城乡建设部令第 13 号） （2）《建设工程质量检测管理办法（建设部令第 141 号） （3）《山东省房屋建筑和市政工程质量监督管理办法（省政府令第 308 号） （4）《青岛市建筑工程管理办法（青岛市人民政府令第 209 号）等 1.2.3 有关工程建设标准、规范 1.2.4 有关规范性文件		
4	1.3		适用范围	房屋建筑工程		

序号	编号	类别	实施对象	实施条款	实施依据	实施内容
5	2	行为准则				
6	2.1	基本要求				
7	2.1.1	基本要求	建设、勘察、设计、施工、监理、检测等单位	建设、勘察、设计、施工、监理、检测等单位依法对工程质量安全负责	《建设工程质量管理条例》第三条	建设单位、勘察单位、设计单位、施工单位、工程监理单位依法对建设工程质量负责。
					《建设工程质量检测管理办法》第十八条	检测机构应当对其检测数据和检测报告的真实性和准确性负责。
8	2.1.2	基本要求	建设、勘察、设计、施工、监理、检测单位	勘察、设计、施工、监理、检测等单位应当依法取得资质证书，并在其资质等级许可的范围内从事建设工程活动	《中华人民共和国建筑法》第十三条	从事建筑活动的建筑施工企业、勘察单位、设计单位和工程监理单位，按照其拥有的注册资本、专业技术人员、技术装备和已完成的建筑工程业绩等资质条件，划分为不同的资质等级，经资质审查合格，取得相应等级的资质证书后，方可在其资质等级许可的范围内从事建筑活动。
					《建设工程质量检测管理办法》第四条	检测机构是具有独立法人资格的中介机构。检测机构从事《建设工程质量检测管理办法》附件一规定的质量检测业务，应当依据《建设工程质量检测管理办法》取得相应的资质证书。 检测机构资质按照其承担的检测业务内容分为专项检测机构资质和见证取样检测机构资质。检测机构资质标准由《建设工程质量检测管理办法》附件二规定。 检测机构未取得相应的资质证书，不得承担本办法规定的质量检测业务。
9	2.1.3	基本要求	建设、勘察、设计、施工、监理单位	建设、勘察、设计、施工、监理等单位的法定代表人应当签署授权委托书，明确各自工程项目负责人；项目负责人应当签署工程质量终身责任承诺书；法定代表人和项目负责人在工程设计使用年限内对工程质量承担相应责任	《住房城乡建设部关于印发〈建筑工程五方责任主体项目负责人质量终身责任追究暂行办法〉的通知（建质〔2014〕124号）第二、五、八条	建筑工程开工建设前，建设、勘察、设计、施工、监理单位法定代表人应当签署授权书，明确本单位项目负责人。 建设单位项目负责人对工程质量承担全面责任，不得违法发包、肢解发包，不得以任何理由要求勘察、设计、施工、监理单位违反法律法规和工程建设标准，降低工程质量，其违法违规或不当行为造成工程质量事故或质量问题应当承担责任。 勘察、设计单位项目负责人应当保证勘察设计文件符合法律法规和工程建设强制性标准的要求，对因勘察、设计导致的工程质量事故或质量问题承担责任。 施工单位项目经理应当按照经审查合格的施工图设计文件和施工技术标准进行施工，对因施工导致的工程质量事故或质量问题承担责任。 监理单位总监理工程师应当按照法律法规、有关技术标准、设计文件和工程承包合同进行监理，对施工质量承担监理责任。

序号	编号	类别	实施对象	实施条款	实施依据	实施内容
						项目负责人应当在办理工程质量监督手续前签署工程质量终身责任承诺书，连同法定代表人授权书，报工程质量监督机构备案。项目负责人如有更换的，应当按规定办理变更程序，重新签署工程质量终身责任承诺书，连同法定代表人授权书，报工程质量监督机构备案。
10	2.1.4	基本要求	建设、勘察、设计、施工、监理单位	从事工程建设活动的专业技术人员应当在注册许可范围和聘用单位业务范围内从业，对签署技术文件的真实性和准确性负责，依法承担质量安全责任	《中华人民共和国建筑法》第十四条	从事建筑活动的专业技术人员，应当依法取得相应的执业资格证书，并在执业资格证书许可的范围内从事建筑活动。
11	2.1.9	基本要求	建设单位	工程完工后，建设单位应当组织勘察、设计、施工、监理等有关单位进行竣工验收。工程竣工验收合格，方可交付使用	《建设工程质量管理条例》第十六条	建设单位收到建设工程竣工报告后，应当组织设计、施工、工程监理等有关单位进行竣工验收。建设工程经验收合格的，方可交付使用。
12	增1	基本要求	建设、勘察、设计、施工、监理、检测单位	从事建设工程活动，必须严格执行基本建设程序	《建设工程质量管理条例》第五条	从事建设工程活动，必须严格执行基本建设程序，坚持先勘察、后设计、再施工的原则。县级以上人民政府及其有关部门不得超越权限审批建设项目或者擅自简化基本建设程序。
13	增2	基本要求	建设、施工、监理、检测单位	涉及工程结构安全、节能环保和主要使用功能的试块、试件及材料，实施见证取样和送检的比例不得低于有关技术标准和规范中规定应取样数量的30%，保障性住宅工程应当按照100%的比例进行见证取样和送检	《山东省房屋建筑和市政基础设施工程见证取样和送检管理规定（鲁建质监字〔2021〕2号）第五条、第六条	1. 涉及工程结构安全、节能环保和主要使用功能的试块、试件及材料，实施见证取样和送检的比例不得低于有关技术标准和规范中规定应取样数量的30%，保障性住宅工程应当按照100%的比例进行见证取样和送检。 2. 下列试块、试件和材料必须实施见证取样和送检： （1）用于承重结构的混凝土试块； （2）用于承重墙体的砌筑砂浆试块； （3）用于承重结构的钢筋及连接接头试件； （4）用于承重墙的砖和混凝土小型砌块； （5）用于拌制混凝土和砌筑砂浆的水泥、砂、石子； （6）用于承重结构的混凝土中使用的掺加剂、掺合料； （7）地下、屋面、厕浴间（有防水要求的阳台）以及防渗接头等防水材料； （8）预应力钢绞线、锚夹具；

序号	编号	类别	实施对象	实施条款	实施依据	实施内容
						（9）沥青、沥青混合料； （10）道路工程用无机结合料稳定材料； （11）建筑外窗、建筑幕墙构件和材料等； （12）建筑节能工程用保温隔热材料、复合保温板、保温砌块、反射隔热材料、粘结材料、抹面材料、增强网和锚钉等； （13）钢结构工程用钢材、焊接材料、高强度螺栓、摩擦面抗滑移系数试件、网架节点承载力试件、防腐防火材料等； （14）装配式混凝土结构使用的连接套筒、灌浆料、座浆料、外墙密封材料等； （15）供暖节能工程使用的散热器和保温材料、通风与空调节能工程使用的风机盘管机组和绝热材料、空调与供暖系统冷热源及管网节能工程的预制绝热管道和绝热材料、配电与照明节能工程使用的照明光源和照明灯具及其附属装置等进场时、低压配电系统使用的电线与电缆、太阳能光热系统节能工程采用的集热设备和保温材料等； （16）集中建设小区使用的电线电缆、开关插座、断路器、配电板（箱）； （17）国家及地方标准、规范规定的其他见证检验项目。
14	增3	基本要求	建设、施工、监理、检测单位	钢筋、混凝土、电线、防水、保温、装配式建筑结构连接等影响工程结构安全、主要使用功能的重要材料、关键部位的见证取样，应当留置全过程影像资料备查，影像资料应包括取样地点及过程、标识及封样各环节、见证取样人员等信息	《山东省房屋建筑和市政基础设施工程见证取样和送检管理规定》（鲁建质监字〔2021〕2号）第十二条	取样、见证人员应按照见证取样和送检计划和相关规范标准要求进行现场取样和见证。取样后，及时进行标识和封样。试样标识应按照取样时间顺序连续编号，不得空号、重号，具有唯一性。标识和封样应至少标明制作日期、工程部位、设计要求和组号等信息，并由取样、见证人员签字、盖章。 钢筋、混凝土、电线、防水、保温、装配式建筑结构连接等影响工程结构安全、主要使用功能的重要材料、关键部位的见证取样，应当留置全过程影像资料备查，影像资料应包括取样地点及过程、标识及封样各环节、见证取样人员等信息。
15	2.2	质量行为要求				
16	2.2.1	建设单位				
17	2.2.1.1	质量行为要求	建设单位	按规定办理工程质量监督手续	《建设工程质量管理条例》第十三条	建设单位在开工前，应当按照国家有关规定办理工程质量监督手续，工程质量监督手续可以与施工许可证或者开工报告合并办理。
18	2.2.1.2	质量行为要求	建设单位	不得肢解发包工程	《建设工程质量管理条例》第七条	建设单位不得将建设工程肢解发包。

序号	编号	类别	实施对象	实施条款	实施依据	实施内容
19	2.2.1.3	质量行为要求	建设单位	不得任意压缩合理工期	《建设工程质量管理条例》第十条	建设工程发包单位不得迫使承包方以低于成本的价格竞标,不得任意压缩合理工期。
					《山东省房屋建筑和市政工程质量监督管理办法》第十五条	建设单位应当保证工程建设所需资金,按照合同约定及时支付费用,不得迫使勘察、设计、施工、监理、检测等单位以低于成本的价格竞标;不得任意压缩合理工期,确需调整工期且具备可行性的,应当提出保证工程质量和安全的技术措施和方案,经专家论证通过后方可实施,并承担相应增加的费用。
20	2.2.1.4	质量行为要求	建设单位	按规定委托具有相应资质的检测单位进行检测工作	《建设工程质量检测管理办法》第十二条	本办法规定的质量检测业务,由工程项目建设单位委托具有相应资质的检测机构进行检测。委托方与被委托方应当签订书面合同。
21	2.2.1.5	质量行为要求	建设单位	对施工图设计文件报审图机构审查,审查合格方可使用	《建设工程质量管理条例》第十一条	施工图设计文件审查的具体办法,由国务院建设行政主管部门、国务院其他有关部门制定。施工图设计文件未经审查批准的,不得使用。
					《房屋建筑和市政基础设施工程施工图设计文件审查管理办法》第三条	施工图未经审查合格的,不得使用。从事房屋建筑工程、市政基础设施工程施工、监理等活动,以及实施对房屋建筑和市政基础设施工程质量安全监督管理,应当以审查合格的施工图为依据。
22	2.2.1.6	质量行为要求	建设单位	对有重大修改、变动的施工图设计文件应当重新进行报审,审查合格方可使用	《房屋建筑和市政基础设施工程施工图设计文件审查管理办法》第十四条	任何单位或者个人不得擅自修改审查合格的施工图;确需修改的,凡涉及本办法第十一条规定内容的,建设单位应当将修改后的施工图送原审查机构审查。
23	2.2.1.7	质量行为要求	建设单位	提供给监理单位、施工单位经审查合格的施工图纸	《房屋建筑和市政基础设施工程施工图设计文件审查管理办法》第三条	施工图未经审查合格的,不得使用。从事房屋建筑工程、市政基础设施工程施工、监理等活动,以及实施对房屋建筑和市政基础设施工程质量安全监督管理,应当以审查合格的施工图为依据。
24	2.2.1.8	质量行为要求	建设单位	组织图纸会审、设计交底工作	《建设工程监理规范(GB/T50319—2013)5.1.2	监理人员应熟悉工程设计文件,并应参加建设单位主持的图纸会审和设计交底会议,会议纪要应由总监理工程师签认。
25	2.2.1.9	质量行为要求	建设单位	按合同约定由建设单位采购的建筑材料、建筑构配件和设备的质量应符合要求	《建设工程质量管理条例》第十四条	按照合同约定,由建设单位采购建筑材料、建筑构配件和设备的,建设单位应当保证建筑材料、建筑构配件和设备符合设计文件和合同要求。

序号	编号	类别	实施对象	实施条款	实施依据	实施内容
26	2.2.1.10	质量行为要求	建设单位	不得指定应由承包单位采购的建筑材料、建筑构配件和设备，或者指定生产厂、供应商	《中华人民共和国建筑法》第二十五条	按照合同约定，建筑材料、建筑构配件和设备由工程承包单位采购的，发包单位不得指定承包单位购入用于工程的建筑材料、建筑构配件和设备或者指定生产厂、供应商。
27	2.2.1.11	质量行为要求	建设单位	按合同约定及时支付工程款	《中华人民共和国建筑法》第十八条	发包单位应当按照合同的约定，及时拨付工程款项。
28	增4	质量行为要求	建设单位	涉及建筑主体和承重结构及使用功能变动的装修工程，建设单位应在施工前委托原设计单位或者具有相应资质等级的设计单位提出设计方案；没有设计方案的，不得施工	《建设工程质量管理条例》第十五条	涉及建筑主体和承重结构变动的装修工程，建设单位应当在施工前委托原设计单位或者具有相应资质等级的设计单位提出设计方案；没有设计方案的，不得施工。
29	增5	质量行为要求	建设单位	住宅工程建设单位应当组织分户验收	《山东省房屋建筑和市政工程质量监督管理办法》第三十三条	对住宅工程，建设单位应当先组织分户验收，合格后再组织竣工验收。
					《山东省房屋建筑工程质量分户验收管理办法（鲁建质监字〔2022〕1号）第七条	未进行分户验收或分户验收不合格的，不得进行主体结构分部工程质量验收，不得组织单位工程竣工验收。
30	2.2.2	勘察、设计单位				
31	2.2.2.1	质量行为要求	勘察、设计单位	在工程施工前，就审查合格的施工图设计文件向施工单位和监理单位作出详细说明	《建设工程勘察设计管理条例》第三十条	建设工程勘察、设计单位应当在建设工程施工前，向施工单位和监理单位说明建设工程勘察、设计意图，解释建设工程勘察、设计文件。
32	2.2.2.2	质量行为要求	勘察、设计单位	及时解决施工中发现的勘察、设计问题，参与工程质量事故调查分析，并对因勘察、设计原因造成的质量事故提出相应的技术处理方案	《建设工程质量管理条例》第二十四条	设计单位应当参与建设工程质量事故分析，并对因设计造成的质量事故，提出相应的技术处理方案。

序号	编号	类别	实施对象	实施条款	实施依据	实施内容
					《山东省房屋建筑和市政工程质量监督管理办法》第十八条	勘察、设计企业应当参加工程质量事故和有关结构安全、主要使用功能质量问题的原因分析，并对因勘察、设计造成的工程质量事故和质量问题提出相应的技术处理方案。
33	2.2.2.3	质量行为要求	勘察、设计单位	按规定参与施工验槽	《建筑地基基础工程施工质量验收标准》（GB50202—2018）A.1.1	勘察、设计、监理、施工、建设等各方相关技术人员应共同参加验槽。
34	增6	质量行为要求	设计单位	设计文件应当满足设计深度要求，对住宅工程应当提出质量常见问题防治重点和措施。设计企业应当参加地基与基础、主体结构和建筑节能等分部工程验收，并出具验收意见	《建设工程质量管理条例》第二十一条	设计单位应当根据勘察成果文件进行建设工程设计。设计文件应当符合国家规定的设计深度要求，注明工程合理使用年限。
					《山东省房屋建筑和市政工程质量监督管理办法》第十七条	设计企业出具的设计文件应当满足设计深度要求，对住宅工程应当提出质量常见问题防治重点和措施。设计企业应当参加地基与基础、主体结构和建筑节能等分部工程验收，并出具验收意见。
35	增7	质量行为要求	勘察、设计单位	勘察、设计单位必须按照工程建设强制性标准进行勘察、设计，并对勘察、设计的质量负责	《建设工程质量管理条例》第十九条	勘察、设计单位必须按照工程建设强制性标准进行勘察、设计，并对其勘察、设计的质量负责。
36	2.2.3	施工单位				
37	2.2.3.1	质量行为要求	施工单位	不得违法分包、转包工程	《建设工程质量管理条例》第二十五条	施工单位不得转包或者违法分包工程。
38	2.2.3.2	质量行为要求	施工单位	项目经理资格符合要求，并到岗履职	《建筑施工项目经理质量安全责任十项规定（试行）》第一条	建筑施工项目经理（以下简称项目经理）必须按规定取得相应执业资格和安全生产考核合格证书；合同约定的项目经理必须在岗履职，不得违反规定同时在两个及两个以上的工程项目担任项目经理。
39	2.2.3.3	质量行为要求	施工单位	设置项目质量管理机构，配备质量管理人员	《建设工程质量管理条例》第二十六条	施工单位对建设工程的施工质量负责。施工单位应当建立质量责任制，确定工程项目的项目经理、技术负责人和施工管理负责人。
					《山东省房屋建筑和市政工程质量监督管理办法》第十九条	施工企业应当根据工程规模、技术要求和合同约定，配备项目负责人、项目技术负责人和相应的专职质量管理人员，并保证其到岗履职；项目负责人不得擅自变更，确需变更的，需经建设单位同意并报住房城乡建设主管部门备案。

序号	编号	类别	实施对象	实施条款	实施依据	实施内容
					《工程建设施工企业质量管理规范》（GB/T 50430—2017）4.2.1	施工企业应明确质量管理体系的组织机构，配备相应质量管理人员，规定相应的职责和权限并形成文件。
40	2.2.3.4	质量行为要求	施工单位	编制并实施施工组织设计	《山东省房屋建筑和市政工程质量监督管理办法》第二十条	施工企业应当编制施工组织设计，并对工程质量控制的关键环节、重要部位、质量常见问题等编制专项施工方案，经企业技术负责人审核、监理单位总监理工程师审批后实施。
41	2.2.3.5	质量行为要求	施工单位	编制并实施施工方案	《山东省房屋建筑和市政工程质量监督管理办法》第二十条	施工企业应当编制施工组织设计，并对工程质量控制的关键环节、重要部位、质量常见问题等编制专项施工方案，经企业技术负责人审核、监理单位总监理工程师审批后实施。
42	2.2.3.6	质量行为要求	施工单位	按规定进行技术交底	《建筑施工组织设计规范》（GB/T 50502—2009）3.0.6	项目施工前,应进行施工组织设计逐级交底。
43	2.2.3.7	质量行为要求	施工单位	配备齐全该项目涉及到的设计图集、施工规范及相关标准	《山东省房屋建筑和市政工程质量监督管理办法》第十九条	施工企业应当在施工现场配备工程施工所需的规范标准、测量工具、检测仪器和设备。
44	2.2.3.8	质量行为要求	施工单位	由建设单位委托见证取样检测的建筑材料、建筑构配件和设备等，未经监理单位见证取样并经检验合格的，不得擅自使用	《建设工程质量管理条例》第三十七条	工程监理单位应当选派具备相应资格的总监理工程师和监理工程师进驻施工现场。未经监理工程师签字，建筑材料、建筑构配件和设备不得在工程上使用或者安装，施工单位不得进行下一道工序的施工。未经总监理工程师签字，建设单位不拨付工程款，不进行竣工验收。
45	2.2.3.9	质量行为要求	施工单位	按规定由施工单位负责进行进场检验的建筑材料、建筑构配件和设备，应报监理单位审查，未经监理单位审查合格的不得擅自使用	《建设工程质量管理条例》第三十七条	工程监理单位应当选派具备相应资格的总监理工程师和监理工程师进驻施工现场。未经监理工程师签字，建筑材料、建筑构配件和设备不得在工程上使用或者安装，施工单位不得进行下一道工序的施工。未经总监理工程师签字，建设单位不拨付工程款，不进行竣工验收。
46	2.2.3.10	质量行为要求	施工单位	严格按审查合格的施工图设计文件进行施工，不得擅自修改设计文件	《建设工程质量管理条例》第二十八条	施工单位必须按照工程设计图纸和施工技术标准施工，不得擅自修改工程设计，不得偷工减料。施工单位在施工过程中发现设计文件和图纸有差错的，应当及时提出意见和建议。

序号	编号	类别	实施对象	实施条款	实施依据	实施内容
47	2.2.3.11	质量行为要求	施工单位	严格按施工技术标准进行施工	《中华人民共和国建筑法》第五十八条	建筑施工企业必须按照工程设计图纸和施工技术标准施工，不得偷工减料。
48	2.2.3.12	质量行为要求	施工单位	做好各类施工记录，实时记录施工过程质量管理的内容	《建设工程质量管理条例》第三十条	施工单位必须建立、健全施工质量的检验制度，严格工序管理，作好隐蔽工程的质量检查和记录。隐蔽工程在隐蔽前，施工单位应当通知建设单位和建设工程质量监督机构。
49	2.2.3.13	质量行为要求	施工单位	按规定做好隐蔽工程质量检查和记录	《建设工程质量管理条例》第三十条	施工单位必须建立、健全施工质量的检验制度，严格工序管理，作好隐蔽工程的质量检查和记录。隐蔽工程在隐蔽前，施工单位应当通知建设单位和建设工程质量监督机构。
					《建筑工程施工质量验收统一标准（GB50300—2013）3.0.6	建筑工程施工质量应按下列要求进行验收： 1. 工程质量验收均应在施工单位自检合格的基础上进行； 2. 参加工程施工质量验收的各方人员应具备相应的资格； 3. 检验批的质量应按主控项目和一般项目验收； 4. 对涉及结构安全、节能、环境保护和主要使用功能的试块、试件及材料，应在进场时或施工中按规定进行见证检验； 5. 隐蔽工程在隐蔽前应由施工单位通知监理单位进行验收，并应形成验收文件，验收合格后方可继续施工。
50	2.2.3.14	质量行为要求	施工单位	按规定做好检验批、分项工程、分部工程的质量报验工作	《建设工程监理规范（GB/T50319—2013）5.2.14	项目监理机构应对施工单位报验的隐蔽工程、检验批、分项工程和分部工程进行验收，对验收合格的应给予签认，对验收不合格的应拒绝签认，同时应要求施工单位在指定的时间内整改并重新报验。
51	2.2.3.15	质量行为要求	施工单位	按规定及时处理质量问题和质量事故，做好记录	《青岛市建筑工程管理办法》第二十九条	建设、勘察、设计、施工、监理等单位应当参加工程质量验收，参与工程质量事故和质量投诉的处理。
52	2.2.3.16	质量行为要求	施工单位	实施样板引路制度，设置实体样板和工序样板	《住房和城乡建设部关于印发〈工程质量安全提升行动方案〉的通知（建质〔2017〕57号）第三部分第二条第二款	开展工程质量管理标准化示范活动，实施样板引路制度。
					《建筑装饰装修工程质量验收标准（GB50210—2018）3.3.8	建筑装饰装修工程施工前应有主要材料的样板或做样板间（件），并应经有关各方确认。

序号	编号	类别	实施对象	实施条款	实施依据	实施内容
53	2.2.3.17	质量行为要求	施工单位	按规定处置不合格试验报告	《建设工程质量管理条例》第二十九条	施工单位必须按照工程设计要求、施工技术标准和合同约定，对建筑材料、建筑构配件、设备和商品混凝土进行检验，检验应当有书面记录和专人签字；未经检验或者检验不合格的，不得使用。
54	增8	质量行为要求	施工单位	施工过程中发现设计文件和图纸有差错的，及时提出意见和建议	《建设工程质量管理条例》第二十八条	施工单位在施工过程中发现设计文件和图纸有差错的，应当及时提出意见和建议。
55	2.2.4	监理单位				
56	2.2.4.1	质量行为要求	监理单位	总监理工程师资格应符合要求，并到岗履职	《建设工程质量管理条例》第三十七条	工程监理单位应当选派具备相应资格的总监理工程师和监理工程师进驻施工现场。
					《山东省房屋建筑和市政工程质量监督管理办法》第二十二条	监理企业应当根据工程规模、技术要求和合同约定，配备总监理工程师、专业监理工程师和监理员，并保证其到岗履职；总监理工程师不得擅自变更，确需变更的，需经建设单位同意并报住房城乡建设主管部门备案。
57	2.2.4.2	质量行为要求	监理单位	配备足够的具备资格的监理人员，并到岗履职	《建设工程监理规范（GBT50319—2013）3.1.2	项目监理机构的监理人员应由总监理工程师、专业监理工程师和监理员组成，且专业配套、数量应满足建设工程监理工作需要，必要时可设总监理工程师代表。
58	2.2.4.3	质量行为要求	监理单位	编制并实施监理规划	《建设工程监理规范（GBT50319—2013）4.1.1	监理规划应结合工程实际情况，明确项目监理机构的工作目标，确定具体的监理工作制度、内容、程序、方法和措施。
59	2.2.4.4	质量行为要求	监理单位	编制并实施监理实施细则	《建设工程监理规范（GBT50319—2013）4.1.2	监理实施细则应符合监理规划的要求，并应具有可操作性。
60	2.2.4.5	质量行为要求	监理单位	对施工组织设计、施工方案进行审查	《建设工程监理规范（GBT50319—2013）5.1.6、5.2.2	1. 项目监理机构应审查施工单位报审的施工组织设计，符合要求时，应由总监理工程师签认后报建设单位。项目监理机构应要求施工单位按已批准的施工组织设计组织施工。施工组织设计需要调整时，项目监理机构应按程序重新审查。 2. 总监理工程师应组织专业监理工程师审查施工单位报审的施工方案，并应符合要求后予以签认。
61	2.2.4.6	质量行为要求	监理单位	对建筑材料、建筑构配件和设备投入使用或安装前进行审查	《建设工程质量管理条例》第三十七条	未经监理工程师签字，建筑材料、建筑构配件和设备不得在工程上使用或者安装，施工单位不得进行下一道工序的施工。
62	2.2.4.7	质量行为要求	监理单位	对分包单位的资质进行审核	《建设工程监理规范（GB/T50319—2013）5.1.10	分包工程开工前，项目监理机构应审核施工单位报送的分包单位资格报审表，专业监理工程师提出审查意见后，应由总监理工程师审核签认。

序号	编号	类别	实施对象	实施条款	实施依据	实施内容
63	2.2.4.8	质量行为要求	监理单位	对重点部位、关键工序实施旁站监理，做好旁站记录。	《建设工程监理规范（GB/T50319—2013）5.2.11	项目监理机构应根据工程特点和施工单位报送的施工组织设计，确定旁站的关键部位、关键工序，安排监理人员进行旁站，并应及时记录旁站情况。
64	2.2.4.9	质量行为要求	监理单位	对施工质量进行巡查，做好巡查记录	《建设工程监理规范（GB/T50319—2013）5.2.12	项目监理机构应安排监理人员对工程施工质量进行巡视。巡视应包括下列主要内容：1.施工单位是否按工程设计文件、工程建设标准和批准的施工组织设计、（专项）施工方案施工。2.使用的工程材料、构配件和设备是否合格。3.施工现场管理人员，特别是施工质量管理人员是否到位。4.特种作业人员是否持证上岗。
65	2.2.4.10	质量行为要求	监理单位	对施工质量进行平行检验，做好平行检验记录	《建设工程监理规范（GB/T50319—2013）5.2.9	项目监理机构应审查施工单位报送的用于工程的材料、构配件、设备的质量证明文件，并应按有关规定、建设工程监理合同约定，对用于工程的材料进行见证取样，平行检验。
66	2.2.4.11	质量行为要求	监理单位	对隐蔽工程进行验收	《建设工程监理规范（GB/T50319—2013）5.2.14	项目监理机构应对施工单位报验的隐蔽工程、检验批、分项工程和分部工程进行验收，对验收合格的应给予签认，对验收不合格的应拒绝签认，同时应要求施工单位在指定的时间内整改并重新报验。
67	2.2.4.12	质量行为要求	监理单位	对检验批工程进行验收	《建设工程监理规范（GB/T50319—2013）5.2.14	项目监理机构应对施工单位报验的隐蔽工程、检验批、分项工程和分部工程进行验收，对验收合格的应给予签认，对验收不合格的应拒绝签认，同时应要求施工单位在指定的时间内整改并重新报验。
					《建筑工程施工质量验收统一标准》（GB50300—2013）6.0.1	检验批应由专业监理工程师组织施工单位项目专业质量检查员、专业工长等进行验收。
68	2.2.4.13	质量行为要求	监理单位	对分项、分部(子分部)工程按规定进行质量验收	《建设工程监理规范（GB/T50319—2013）5.2.14	项目监理机构应对施工单位报验的隐蔽工程、检验批、分项工程和分部工程进行验收，对验收合格的应给予签认，对验收不合格的应拒绝签认，同时应要求施工单位在指定的时间内整改并重新报验。
					《建筑工程施工质量验收统一标准》（GB50300—2013）6.0.2、6.0.3	1.分项工程应由专业监理工程师组织施工单位项目专业技术负责人等进行验收。2.分部工程应由总监理工程师组织施工单位项目负责人和项目技术负责人等进行验收。勘察、设计单位项目负责人和施工单位技术、质量部门负责人应参加地基与基础分部工程的验收。设计单位项目负责人和施工单位技术、质量部门负责人应参加主体结构、节能分部工程的验收。

序号	编号	类别	实施对象	实施条款	实施依据	实施内容
69	2.2.4.14	质量行为要求	监理单位	签发质量问题通知单，复查质量问题整改结果	《建设工程监理规范（GB/T50319—2013）5.2.15	项目监理机构发现施工存在质量问题的，或施工单位采用不适当的施工工艺，或施工不当，造成工程质量不合格的，应及时签发监理通知单，要求施工单位整改。整改完毕后，项目监理机构应根据施工单位报送的监理通知回复对整改情况进行复查，提出复查意见。
70	增9	质量行为要求	监理单位	按审查合格的施工图设计文件进行监理	《房屋建筑和市政基础设施工程施工图设计文件审查管理办法》第三条	施工图未经审查合格的，不得使用。从事房屋建筑工程、市政基础设施工程施工、监理等活动，以及实施对房屋建筑和市政基础设施工程质量安全监督管理，应当以审查合格的施工图为依据。
71	2.2.5	检测单位				
72	2.2.5.1	质量行为要求	检测单位	不得转包检测业务	《建设工程质量检测管理办法》第十七条	检测机构不得转包检测业务。检测机构跨省、自治区、直辖市承担检测业务的，应当向工程所在地的省、自治区、直辖市人民政府建设主管部门备案。
73	2.2.5.2	质量行为要求	检测单位	不得涂改、倒卖、出租、出借或者以其他形式非法转让资质证书	《建设工程质量检测管理办法》第十条	任何单位和个人不得涂改、倒卖、出租、出借或者以其他形式非法转让资质证书。
74	2.2.5.3	质量行为要求	检测单位	不得推荐或者监制建筑材料、构配件和设备	《建设工程质量检测管理办法》第十六条	检测机构和检测人员不得推荐或者监制建筑材料、构配件和设备。
75	2.2.5.4	质量行为要求	检测单位	不得与行政机关，法律、法规授权的具有管理公共事务职能的组织以及所检测工程项目相关的设计单位、施工单位、监理单位有隶属关系或者其他利害关系	《建设工程质量检测管理办法》第十六条	检测人员不得同时受聘于两个或者两个以上的检测机构。检测机构和检测人员不得推荐或者监制建筑材料、构配件和设备。检测机构不得与行政机关，法律、法规授权的具有管理公共事务职能的组织以及所检测工程项目相关的设计单位、施工单位、监理单位有隶属关系或者其他利害关系。
76	2.2.5.5	质量行为要求	检测单位	应当按照国家有关工程建设强制性标准进行检测	《建设工程质量检测管理办法》第二条	工程质量检测机构（以下简称检测机构）接受委托，依据国家有关法律、法规和工程建设强制性标准，对涉及结构安全项目的抽样检测和对进入施工现场的建筑材料、构配件的见证取样检测。
77	2.2.5.6	质量行为要求	检测单位	对检测数据和检测报告的真实性和准确性负责	《建设工程质量检测管理办法》第十八条	检测机构应当对其检测数据和检测报告的真实性和准确性负责。

序号	编号	类别	实施对象	实施条款	实施依据	实施内容
78	2.2.5.7	质量行为要求	检测单位	应当将检测过程中发现的建设单位、监理单位、施工单位违反有关法律、法规和工程建设强制性标准的情况,以及涉及结构安全检测结果的不合格情况,及时报告工程所在地住房城乡建设主管部门	《建设工程质量检测管理办法》第十九条	检测机构应当将检测过程中发现的建设单位、监理单位、施工单位违反有关法律、法规和工程建设强制性标准的情况,以及涉及结构安全检测结果的不合格情况,及时报告工程所在地建设主管部门。
79	2.2.5.8	质量行为要求	检测单位	应当单独建立检测结果不合格项目台账	《建设工程质量检测管理办法》第二十条	检测机构应当单独建立检测结果不合格项目台账。
80	2.2.5.9	质量行为要求	检测单位	应当建立档案管理制度。检测合同、委托单、原始记录、检测报告应当按年度统一编号,编号应当连续,不得随意抽撤、涂改	《建设工程质量检测管理办法》第二十条	检测机构应当建立档案管理制度。检测合同、委托单、原始记录、检测报告应当按年度统一编号,编号应当连续,不得随意抽撤、涂改。
81	增10	质量行为要求	检测单位	承担监督抽测工作的检测机构应履行严格按标准规范进行检测、及时出具检测报告、存储样品、留存视频监控录像等职责	青岛市城乡建设委员会关于印发《青岛市建筑工程质量监督抽测管理办法》的通知(青建规字〔2018〕5号)第十条	检测机构承担监督抽测工作应履行的职责:(一)严格按标准规范进行检测;(二)按要求及时出具检测报告;(三)按要求存储样品;(四)按照要求留存视频监控录像,视频应当能清晰地记录样品信息及检测数据,确保对整个检测过程进行追溯。

序号	编号	类别	实施对象	实施条款	实施依据	实施内容
82	3	工程实体质量控制				
83	3.1	地基基础工程				
84	3.1.1	实体施工质量	建设、勘察、设计、施工、监理单位	按照设计和规范要求进行基槽验收	《建筑与市政地基基础通用规范（GB55003—2021）4.1.2	地基基槽（坑）开挖到设计标高后，应进行基槽（坑）检验。
					《建筑地基基础工程施工质量验收标准（GB50202—2018）附录 A.1.1－A.1.7	1. 勘察、设计、监理、施工、建设等各方相关技术人员应共同参加验槽。 2. 验槽时，现场应具备岩土工程勘察报告、轻型动力触探记录（可不进行轻型动力触探的情况除外）、地基基础设计文件、地基处理或深基础施工质量检测报告等。 3. 当设计文件对基坑坑底检验有专门要求时，应按设计文件要求进行。 4. 验槽应在基坑或基槽开挖至设计标高后进行，对留置保护土层时其厚度不应超过100 mm；槽底应为无扰动的原状土。 5. 遇到下列情况之一时，尚应进行专门的施工勘察。 （1）工程地质与水文地质条件复杂，出现详勘阶段难以查清的问题时； （2）开挖基槽发现土质、地层结构与勘察资料不符时； （3）施工中地基土受严重扰动，天然承载力减弱，需进一步查明其性状及工程性质时； （4）开挖后发现需要增加地基处理或改变基础型式，已有勘察资料不能满足需求时； （5）施工中出现新的岩土工程或工程地质问题，已有勘察资料不能充分判别新情况时。 6. 进行过施工勘察时，验槽时要结合详勘和施工勘察成果进行。 7. 验槽完毕填写验槽记录或检验报告，对存在的问题或异常情况提出处理意见。
85	3.1.2	实体施工质量	建设、勘察、设计、施工、监理、检测单位	按照设计和规范要求进行轻型动力触探	《建筑地基基础工程施工质量验收标准（GB50202—2018）附录 A.2.3、A.2.5	1. 天然地基验槽前应在基坑或基槽底普遍进行轻型动力触探检验，检验数据作为验槽依据。轻型动力触探应检查下列内容： （1）地基持力层的强度和均匀性； （2）浅埋软弱下卧层或浅埋突出硬层； （3）浅埋的会影响地基承载力或基础稳定性的古井、墓穴和空洞等。 轻型动力触探宜采用机械自动化实施，检验完毕后，触探孔位处应灌砂填实。 2. 遇下列情况之一时，可不进行轻型动力触探： （1）承压水头可能高于基坑底面标高，触探可造成冒水涌砂时； （2）基础持力层为砾石层或卵石层，且基底以下砾石层或卵石层厚度大于1 m时； （3）基础持力层为均匀、密实砂层，且基底以下厚度大于1.5 m时。

序号	编号	类别	实施对象	实施条款	实施依据	实施内容
86	3.1.3	实体施工质量	建设、勘察、设计、施工、监理、检测单位	地基强度或承载力检验结果符合设计要求	《建筑地基基础工程施工质量验收标准》（GB50202—2018）4.1.4	素土和灰土地基、砂和砂石地基、土工合成材料地基、粉煤灰地基、强夯地基、注浆地基、预压地基的承载力必须达到设计要求。地基承载力的检验数量每 300 m² 不应少于 1 点，超过 3000 m² 部分每 500 m² 不应少于 1 点。每单位工程不应少于 3 点。
87	3.1.4	实体施工质量	建设、勘察、设计、施工、监理、检测单位	复合地基的承载力检验结果符合设计要求	《建筑与市政地基基础通用规范（GB55003—2021）4.4.8	1. 换填垫层地基应分层进行密实度检验，在施工结束进行承载力检验。 2. 高填方地基应分层填筑、分层压（夯）实，分层检验，且处理后的高填方地基应满足密实和稳定性要求。 3. 预压地基应进行承载力检验。预压地基排水竖井处理深度范围内和竖井底面以下受压土层，经预压所完成的竖向变形和平均固结度应进行检验。 4. 压实、夯实地基应进行承载力、密实度及处理深度范围内均匀性检验。压实地基的施工质量检验应分层进行，强夯置换地基施工质量检验应查明置换墩的着底情况、密度随深度的变化情况。 5. 对散体材料复合地基增强体应进行密实度检验；对有粘结强度复合地基增强体应进行强度及桩身完整性检验。 6. 复合地基承载力的验收检验应采用复合地基静载荷试验，对有粘结强度的复合地基增强体尚应进行单桩静载荷试验。 7. 往浆加固处理后地基的承载力应进行静载荷试验检验。
					《建筑地基基础工程施工质量验收标准》（GB50202—2018）4.1.4、4.1.5、4.9.3、4.9.4、4.10.3、4.10.4、4.11.3、4.11.4、4.12.3、4.12.4、4.13.3、4.13.4、4.14.3、4.14.4	1. 素土和灰土地基、砂和砂石地基、土工合成材料地基、粉煤灰地基、强夯地基、注浆地基、预压地基的承载力必须达到设计要求。地基承载力的检验数量每 300 m² 不应少于 1 点，超过 3000 m² 部分每 500 m² 不应少于 1 点。每单位工程不应少于 3 点。 2. 砂石桩、高压喷射注浆桩、水泥土搅拌桩、土和灰土挤密桩、水泥粉煤灰碎石桩、夯实水泥土桩等复合地基的承载力必须达到设计要求。复合地基承载力的检验数量不应少于总桩数的 0.5%，且不应少于 3 点。有单桩承载力或桩身强度检验要求时，检验数量不应少于总桩数的 0.5%，且不应少于 3 根。 3. 砂石桩复合地基施工结束后，应进行复合地基承载力、桩体密实度等检验。检验标准应符合规定。 4. 高压喷射注浆复合地基施工结束后，应检验桩体的强度和平均直径，以及单桩与复合地基的承载力等。检验标准应符合规定。

序号	编号	类别	实施对象	实施条款	实施依据	实施内容
						5. 水泥土搅拌桩复合地基施工结束后，应检验桩体的强度和直径，以及单桩与复合地基的承载力。检验标准应符合规定。 6. 土和灰土挤密桩复合地基施工结束后，应检验成桩的质量及复合地基承载力。检验标准应符合规定。 7. 水泥粉煤灰碎石桩复合地基施工结束后，应对桩体质量、单桩及复合地基承载力进行检验。检验标准应符合规定。 8. 夯实水泥土桩复合地基施工结束后，应对桩体质量、复合地基承载力级褥垫层夯填度进行检验。检验标准应符合规定。
88	3.1.5	实体施工质量	建设、施工、监理、检测单位	工程桩应进行承载力和桩身完整性检验	《建筑与市政地基基础通用规范（GB55003—2021）5.1.3、5.4.3	1. 工程桩应进行承载力与桩身质量检验。 2. 桩基工程施工验收检验，应符合下列规定： （1）施工完成后的工程桩应进行竖向承载力检验，承受水平力较大的桩应进行水平承载力检验，抗拔桩应进行抗拔承载力检验； （2）灌注桩应对孔深、桩径、桩位偏差、桩身完整性进行检验，嵌岩桩应对桩端的岩性进行检验，灌注桩混凝土强度检验的试件应在施工现场随机留取； （3）混凝土预制桩应对桩位偏差、桩身完整性进行检验； （4）钢桩应对桩位偏差、断面尺寸、桩长和失高进行检验； （5）人工挖孔桩终孔时，应进行桩端持力层检验； （6）单柱单桩的大直径嵌岩桩应视岩性检验孔底下3倍桩身直径或5 m深度范围内有无溶洞、破碎带或软弱夹层等不良地质条件。
					《建筑地基基础工程施工质量验收标准（GB50202—2018）5.1.5~5.1.7	1. 工程桩应进行承载力和桩身完整性检验。 2. 设计等级为甲级或地质条件复杂时，应采用静载试验的方法对桩基承载力进行检验，检验桩数不应少于总桩数的1%，且不应少于3根，当总桩数少于50根时，不应少于2根。在有经验和对比资料的地区，设计等级为乙级、丙级的桩基可采用高应变法对桩基进行竖向抗压承载力检测，检测数量不应少于总桩数的5%，且不应少于10根。 3. 工程桩的桩身完整性的抽检数量不应少于总桩数的20%，且不应少于10根。每根柱子承台下的桩抽检数量不应少于1根。
					《建筑基桩检测技术规范（JGJ106—2014）3.3.7	对于端承型大直径灌注桩，当受设备或现场条件限制无法检测单桩竖向抗压承载力时，可选择下列方式之一，进行持力层核验： 1. 采用钻芯法测定桩底沉渣厚度，并钻取桩端持力层岩土芯样检验桩端持力层，检测数量不应少于总桩数的10%，且不应少于10根。

序号	编号	类别	实施对象	实施条款	实施依据	实施内容
						2. 采用深层平板载荷试验或岩基平板载荷试验，检测应符合国家现行标准《建筑地基基础设计规范》GB50007 和《建筑桩基技术规范》JGJ94 的有关规定，检测数量不应少于总桩数的 1%，且不应少于 3 根。
					《建筑桩基技术规范》(JGJ94—2008) 9.4.3~9.4.6	1. 有下列情况之一的桩基工程，应采用静荷载试验对工程桩单桩竖向承载力进行检测，检测数量应根据桩基设计等级、施工前取得试验数据的可靠性因素，按现行行业标准《建筑基桩检测技术规范》JGJ106 确定： （1）工程施工前已进行单桩静载试验，但施工过程变更了工艺参数或施工质量出现异常时； （2）施工前工程未按本规范第 5.3.1 条规定进行单桩静载试验的工程； （3）地质条件复杂、桩的施工质量可靠性低； （4）采用新桩型或新工艺。 2. 有下列情况之一的桩基工程，可采用高应变动测法对工程桩单桩竖向承载力进行检测： （1）除本规范第 9.4.3 条规定条件外的桩基； （2）设计等级为甲、乙级的建筑桩基静载试验检测的辅助检测。 3. 桩身质量除对预留混凝土试件进行强度等级检验外，尚应进行现场检测。检测方法可采用可靠的动测法，对于大直径桩还可采取钻芯法、声波透射法；检测数量可根据现行行业标准《建筑基桩检测技术规范》JGJ106 确定。 4. 对专用抗拔桩和对水平承载力有特殊要求的桩基工程，应进行单桩抗拔静载试验和水平静载试验检测。
89	3.1.6	实体施工质量	建设、勘察、设计、施工、监理单位	对于不满足设计要求的地基，应有经设计单位确认的地基处理方案，并有处理记录	《建筑与市政地基基础通用规范》（GB55003—2021）4.4.5	地基基槽（坑）开挖时，当发现地质条件与勘察成果报告不一致，或遇到异常情况时，应停止施工作业，并及时会同有关单位查明情况，提出处理意见。
90	3.1.7	实体施工质量	建设、施工、监理单位	填方工程的施工应满足设计和规范要求	《建筑地基基础工程施工质量验收标准》（GB50202—2018）9.5.1~9.5.4	1. 施工前应检查基底的垃圾、树根等杂物清除情况，测量基底标高、边坡坡率，检查验收基础外墙防水层和保护层等。回填料应符合设计要求，并应确定回填料含水量控制范围、铺土厚度、压实遍数等施工参数。 2. 施工中应检查排水系统，每层填筑厚度、辗迹重叠程度、含水量控制、回填土有机质含量、压实系数等。回填施工的压实系数应满足设计要求。当采用分层回填时，应在下层的压实系数经试验合格后进行上层施工。填筑厚度及压实遍数应根据土质、压实系数及压实机具确定。 3. 施工结束后，应进行标高及压实系数检验。

序号	编号	类别	实施对象	实施条款	实施依据	实施内容
						4. 填方工程质量检验标准应符合《建筑地基基础工程施工质量验收标准》GB50202 表9.5.4–1、表9.5.4–2 的规定。
91	3.2	钢筋工程				
92	3.2.1	实体施工质量	建设、施工、监理单位	确定钢筋工程细部做法并在技术交底中明确	《混凝土结构工程施工规范》（GB50666—2011）3.1.3	施工前，应由建设单位组织设计、施工、监理等单位对设计文件进行交底和会审。由施工单位完成的深化设计文件应经原设计单位确认。
					《建筑施工组织设计规范》（GB/T50502—2009）3.0.6	项目施工前，应进行施工组织设计逐级交底。
93	3.2.2	实体施工质量	建设、施工、监理单位	清除钢筋上的污染物和施工缝处的浮浆	《混凝土结构工程施工质量验收规范（GB50204—2015）5.2.4	钢筋应平直、无损伤，表面不得有裂纹、油污、颗粒状或片状老锈。
					《混凝土结构工程施工规范》（GB50666—2011）8.3.10	1. 结合面应为粗糙面，并应清除浮浆、松动石子、软弱混凝土层。 2. 结合面处应洒水湿润，但不得有积水。 3. 施工缝处已浇筑混凝土的强度不应小于1.2 MPa。 4. 柱、墙水平施工缝水泥砂浆接浆层厚度不应大于 30 mm，接浆层水泥砂浆应与混凝土浆液成分相同。 5. 后浇带混凝土强度等级及性能应符合设计要求；当设计无具体要求时，后浇带混凝土强度等级宜比两侧混凝土提高一级，并宜采用减少收缩的技术措施。
94	3.2.3	实体施工质量	建设、施工、监理单位	对预留钢筋进行纠偏	《混凝土结构工程施工规范》（GB50666—2011）5.4.9	钢筋安装应采用定位件固定钢筋的位置，并宜采用专用定位件。
					《混凝土结构工程施工质量验收规范》（GB50204—2015）5.5.2	钢筋应安装牢固。受力钢筋的安装位置、锚固方式应符合设计要求。
95	3.2.4	实体施工质量	建设、施工、监理单位	钢筋加工符合设计和规范要求	《混凝土结构工程施工规范》（GB50666—2011）5.3.2–5.3.4	1. 钢筋加工宜在常温状态下进行，加工过程中不应对钢筋进行加热，钢筋应一次弯折到位。

序号	编号	类别	实施对象	实施条款	实施依据	实施内容
95	3.2.4	实体施工质量	建设、施工、监理单位	钢筋加工符合设计和规范要求	《混凝土结构工程施工规范》（GB50666—2011）5.3.2~5.3.4	2. 钢筋宜采用机械设备进行调直，也可采用冷拉方法调直。当采用机械设备调直时，调直设备不应具有延伸功能。当采用冷拉方法调直时，HPB300 光圆钢筋的冷拉率不宜大于 4%；HRB335、HRB400、HRB500、HRBF335、HRBF400、HRBF500 及 RRB400 带肋钢筋的冷拉率，不宜大于 1%。钢筋调直过程中不应损伤带肋钢筋的横肋。调直后的钢筋应平直，不应有局部弯折。 3. 钢筋弯折的弯弧内直径应符合下列规定： （1）光圆钢筋，不应小于钢筋直径的 2.5 倍； （2）335 MPa 级、400 MPa 级带肋钢筋，不应小于钢筋直径的 4 倍； （3）500 MPa 级带肋钢筋，当直径为 28 mm 以下时不应小于钢筋直径的 6 倍，当直径为 28 mm 及以上时不应小于钢筋直径的 7 倍； （4）位于框架结构顶层端节点处的梁上部纵向钢筋和柱外侧纵向钢筋，在节点角部弯折处，当钢筋直径为 28 mm 以下时不宜小于钢筋直径的 12 倍，当钢筋直径为 28 mm 及以上时不宜小于钢筋直径的 16 倍； （5）箍筋弯折处尚不应小于纵向受力钢筋直径；箍筋弯折处纵向受力钢筋为搭接钢筋或并筋时，应按钢筋实际排布情况确定箍筋弯弧内直径。
96	增11	实体施工质量	建设、施工、监理单位	应按设计和规范规定采用抗震钢筋	《混凝土结构通用规范》（GB55008—2021）3.2.3	对按一、二、三级抗震等级设计的房屋建筑框架和斜撑构件，其纵向受力普通钢筋性能应符合下列规定： 1. 抗拉强度实测值与屈服强度实测值的比值不应小于 1.25。 2. 屈服强度实测值与屈服强度标准值的比值不应大于 1.30。 3. 最大力总延伸率实测值不应小于 9%。
97	3.2.5	实体施工质量	建设、施工、监理单位	钢筋的牌号、规格和数量符合设计和规范要求	《混凝土结构通用规范》（GB55008—2021）2.0.11、5.1.2	1. 当施工中进行混凝土结构构件的钢筋、预应力筋代换时，应符合设计规定的构件承载力、正常使用、配筋构造及耐久性能要求，并应取得设计变更文件。 2. 材料、构配件、器具和半成品应进行进场验收，合格后方可使用。
98	3.2.6	实体施工质量	建设、施工、监理单位	钢筋的安装位置符合设计和规范要求	《混凝土结构工程施工规范》（GB50666—2011）5.4.8	构件交接处的钢筋位置应符合设计要求。当设计无具体要求时，应保证主要受力构件和构件中主要受力方向的钢筋位置。框架节点处梁纵向受力钢筋宜放在柱纵向钢筋内侧；当主次梁底部标高相同时，次梁下部钢筋应放在主梁下部钢筋之上；剪力墙中水平分布钢筋宜放在外侧，并宜在墙端弯折锚固。

序号	编号	类别	实施对象	实施条款	实施依据	实施内容
					《混凝土结构通用规范》（GB55008—2021）5.3.3	钢筋和预应力筋应安装牢固、位置准确。
99	3.2.7	实体施工质量	建设、施工、监理单位	保证钢筋位置的措施到位	《混凝土结构工程施工规范》（GB50666—2011）5.4.9	钢筋安装应采用定位件固定钢筋的位置，并宜采用专用定位件。定位件应具有足够的承载力、刚度、稳定性和耐久性。定位件的数量、间距和固定方式，应能保证钢筋的位置偏差符合国家现行有关标准的规定。混凝土框架梁、柱保护层内，不宜采用金属定位件。
100	3.2.8	实体施工质量	建设、施工、监理单位	钢筋连接符合设计和规范要求	《混凝土结构工程施工规范》（GB50666—2011）5.4.1、5.4.4、5.4.5	1. 钢筋接头宜设置在受力较小处；有抗震设防要求的结构中，梁端、柱端箍筋加密区范围内不宜设置钢筋接头，且不应进行钢筋搭接。同一纵向受力钢筋不宜设置两个或两个以上接头。接头末端至钢筋弯起点的距离，不应小于钢筋直径的10倍。 2. 当纵向受力钢筋采用机械连接接头或焊接接头时，接头的设置应符合下列规定： （1）同一构件内的接头宜分批错开； （2）接头连接区段的长度为35 d，且不应小于500 mm，凡接头中点位于该连接区段长度内的接头均应属于同一连接区段；其中d为相互连接两根钢筋中较小直径； （3）同一连接区段内，纵向受力钢筋接头面积百分率为该区段内有接头的纵向受力钢筋截面面积与全部纵向受力钢筋截面面积的比值；纵向受力钢筋的接头面积百分率应符合下列规定： 1）受拉接头，不宜大于50%；受压接头，可不受限制； 2）板、墙、柱中受拉机械连接接头，可根据实际情况放宽；装配式混凝土结构构件连接处受拉接头，可根据实际情况放宽； 3）直接承受动力荷载的结构构件中，不宜采用焊接；当采用机械连接时，不应超过50%。 3. 当纵向受力钢筋采用绑扎搭接接头时，接头的设置应符合下列规定： （1）同一构件内的接头宜分批错开。各接头的横向净间距s不应小于钢筋直径，且不应小于25 mm； （2）接头连接区段的长度为1.3倍搭接长度，凡接头中点位于该连接区段长度内的接头均应属于同一连接区段；搭接长度可取相互连接两根钢筋中较小直径计算。纵向受力钢筋的最小搭接长度应符合《混凝土结构工程施工规范》GB50666附录C的规定；

序号	编号	类别	实施对象	实施条款	实施依据	实施内容
						（3）同一连接区段内，纵向受力钢筋接头面积百分率为该区段内有接头的纵向受力钢筋截面面积与全部纵向受力钢筋截面面积的比值；纵向受压钢筋的接头面积百分率可不受限值；纵向受拉钢筋的接头面积百分率应符合下列规定： 1）梁类、板类及墙类构件，不宜超过25%；基础筏板，不宜超过50%； 2）柱类构件，不宜超过50%； 3）当工程中确有必要增大接头面积百分率时，对梁类构件，不应大于50%；对其他构件，可根据实际情况适当放宽。
101	3.2.9	实体施工质量	建设、施工、监理单位	钢筋锚固符合设计和规范要求	《混凝土结构工程施工质量验收规范》（GB50204—2015）5.5.2、5.5.3	1. 钢筋应安装牢固。受力钢筋的安装位置、锚固方式应符合设计要求。 2. 钢筋安装偏差及检验方法应符合《混凝土结构工程施工质量验收规范》GB50204 表5.5.3 的规定，受力钢筋保护层厚度的合格点率应达到90%及以上，且不得有超过表中数值1.5倍的尺寸偏差。
102	3.2.10	实体施工质量	建设、施工、监理单位	箍筋、拉筋弯钩符合设计和规范要求	《混凝土结构工程施工规范》（GB50666—2011）5.3.6	1. 对一般结构构件，箍筋弯钩的弯折角度不应小于90°，弯折后平直段长度不应小于箍筋直径的5倍；对有抗震设防要求或设计有专门要求的结构构件，箍筋弯钩的弯折角度不应小于135°，弯折后平直段长度不应小于箍筋直径的10倍和75mm两者之中的较大值。 2. 圆形箍筋的搭接长度不应小于其受拉锚固长度，且两末端均应作不小于135°的弯钩，弯折后平直段长度对一般结构构件不应小于箍筋直径的5倍，对有抗震设防要求的结构构件不应小于箍筋直径的10倍和75mm的较大值。 3. 拉筋用作梁、柱复合箍筋中单肢箍筋或梁腰筋间拉结筋时，两端弯钩的弯折角度均不应小于135°，弯折后平直段长度应符合本条第1款对箍筋的有关规定；拉筋用作剪力墙、楼板等构件中拉结筋时，两端弯钩可采用一端135°另一端90°，弯折后平直段长度不应小于拉筋直径的5倍。
103	3.2.11	实体施工质量	建设、施工、监理单位	悬挑梁、板的钢筋绑扎符合设计和规范要求	《混凝土结构工程施工质量验收规范》（GB50204—2015）5.5.2、5.5.3	1. 钢筋应安装牢固。受力钢筋的安装位置、锚固方式应符合设计要求。 2. 钢筋安装偏差及检验方法应符合《混凝土结构工程施工质量验收规范》GB50204 表5.5.3 的规定，受力钢筋保护层厚度的合格点率应达到90%及以上，且不得有超过表中数值1.5倍的尺寸偏差。

序号	编号	类别	实施对象	实施条款	实施依据	实施内容
104	3.2.12	实体施工质量	建设、施工、监理单位	后浇带预留钢筋的绑扎符合设计和规范要求	《混凝土结构工程施工质量验收规范》（GB50204—2015）5.5.2、5.5.3	1. 钢筋应安装牢固。受力钢筋的安装位置、锚固方式应符合设计要求。 2. 钢筋安装偏差及检验方法应符合《混凝土结构工程施工质量验收规范》GB50204 表5.5.3 的规定，受力钢筋保护层厚度的合格点率应达到 90% 及以上，且不得有超过表中数值 1.5 倍的尺寸偏差。
105	3.2.13	实体施工质量	建设、设计、施工、监理单位	钢筋保护层厚度符合设计和规范要求	《混凝土结构设计规范》（GB50010—2010）8.2.1~8.2.3	1. 构件中普通钢筋及预应力筋的混凝土保护层厚度应满足下列要求： （1）构件中受力钢筋的保护层厚度不应小于钢筋的公称直径 d； （2）设计使用年限为 50 年的混凝土结构，最外层钢筋的保护层厚度应符合《混凝土结构设计规范》GB50010 表 8.2.1 的规定；设计使用年限为 100 年的混凝土结构，最外层钢筋的保护层厚度不应小于以下数值的 1.4 倍。环境类别为一、二 a、二 b、三 a、三 b、板、墙、壳的混凝土保护层的最小厚度 C（mm）依次为：15、20、25、30、40，梁、柱、杆的混凝土保护层的最小厚度 C（mm）依次为：20、25、35、40、50。 注：（1）混凝土强度等级不大于 C25 时，表中保护层厚度数值应增加 5 mm；（2）钢筋混凝土基础宜设置混凝土垫层，基础中钢筋的混凝土保护层厚度应从垫层顶面算起，且不应小于 40 mm。 2. 当有充分依据并采取下列措施时，可适当减小混凝土保护层的厚度： （1）构件表面有可靠的防护层； （2）采用工厂化生产的预制构件； （3）在混凝土中掺加阻锈剂或采用阴极保护处理等防锈措施； （4）当对地下室墙体采取可靠的建筑防水做法或防护措施时，与土层接触一侧钢筋的保护层厚度可适当减少，但不应小于 25 mm。 3. 当梁、柱、墙中纵向受力钢筋的保护层厚度大于 50 mm 时，宜对保护层采取有效的构造措施。当在保护层内配置防裂、防剥落的钢筋网片时，网片钢筋的保护层厚度不应小于 25 mm。
106	3.3	混凝土工程				
107	3.3.1	实体施工质量	建设、施工、监理单位	模板板面应清理干净并涂刷脱模剂	《混凝土结构工程施工质量验收规范》（GB50204—2015）4.2.5	1. 模板内不应有杂物、积水或冰雪等。 2. 模板与混凝土的接触面应平整、清洁。 3. 用作模板的地坪、胎膜等应平整、清洁，不应有影响构件质量的下沉、裂缝、起砂或起鼓。 4. 对清水混凝土及装饰混凝土构件，应使用能达到设计效果的模板。

序号	编号	类别	实施对象	实施条款	实施依据	实施内容
					《混凝土结构工程施工规范》（GB50666—2011）4.2.4、4.4.15	1. 脱模剂应能有效减小混凝土与模板间的吸附力，并应有一定的成膜强度，且不应影响脱模后混凝土表面的后期装饰。 2. 模板与混凝土接触面应清理干净并涂刷脱模剂，脱模剂不得污染钢筋和混凝土接槎处。
108	3.3.2	实体施工质量	建设、施工、监理单位	模板板面的平整度应符合要求	《混凝土结构通用规范》（GB55008—2021）5.2.1、5.2.2	1. 模板及支架应根据施工过程中的各种控制工况进行设计，并应满足承载力、刚度和整体稳固性的要求。 2. 模板及支架应保证混凝土结构和构件各部分形状、尺寸和位置正确。
					《混凝土结构工程施工质量验收规范》（GB50204—2015）4.2.10	现浇结构模板安装的尺寸偏差及检验方法应符合《混凝土结构工程施工质量验收规范》GB50204 表 4.2.10 的规定。
					《混凝土结构工程施工规范》（GB50666—2011）4.4.5	安装模板时，应进行测量放线，并应采取保证模板位置准确的定位措施。对竖向构件的模板及支架，应根据混凝土一次浇筑高度和浇筑速度，采取竖向模板抗侧移、抗浮和抗倾覆措施。对水平构件的模板及支架，应结合不同的支架和模板面板形式，采取支架间、模板间及模板与支架间的有效拉结措施。对可能承受较大风荷载的模板，应采取防风措施。
109	3.3.3	实体施工质量	建设、施工、监理单位	模板的各连接部位应连接紧密	《混凝土结构工程施工质量验收规范》（GB50204—2015）4.2.5	模板的接缝应严密。
110	3.3.4	实体施工质量	建设、施工、监理单位	竹木模板面不得翘曲、变形、破损	《混凝土结构工程施工规范》（GB50666—2011）4.6.1	1.模板表面应平整；胶合板模板的胶合层不应脱胶翘角；支架杆件应平直，应无严重变形和锈蚀；连接件应无严重变形和锈蚀，并不应有裂纹。 2.模板的规格和尺寸，支架杆件的直径和壁厚，及连接件的质量，应符合设计要求。 3.施工现场组装的模板，其组成部分的外观和尺寸，应符合设计要求。 4.必要时，应对模板、支架杆件和连接件的力学性能进行抽样检查。 5.应在进场时和周转使用前全数检查外观质量。
111	3.3.5	实体施工质量	建设、施工、监理单位	框架梁的支模顺序不得影响梁筋绑扎	《混凝土结构工程施工规范》（GB50666—2011）4.4.14	模板安装应与钢筋安装配合进行，梁柱节点的模板宜在钢筋安装后安装。

序号	编号	类别	实施对象	实施条款	实施依据	实施内容
112	3.3.6	实体施工质量	建设、施工、监理单位	楼板支撑体系的设计应考虑各种工况的受力情况	《混凝土结构工程施工规范》（GB50666—2011）4.3.2–4.3.4	1. 模板及支架设计应包括以下内容： （1）模板及支架的选型及构造设计； （2）模板及支架上的荷载及其效应计算； （3）模板及支架的承载力、刚度验算； （4）模板及支架的抗倾覆验算； （5）绘制模板及支架施工图。 2. 模板及支架的设计应符合下列规定： （1）模板及支架的结构设计宜采用以分项系数表达的极限状态设计方法； （2）模板及支架的结构分析中所采用的计算假定和分析模型，应有理论或试验依据，或经工程验证可行； （3）模板及支架应根据施工过程中各种受力工况进行结构分析，并确定其最不利的作用效应组合； （4）承载力计算应采用荷载基本组合；变形验算可仅采用永久荷载标准值。 3. 模板及支架设计时，应根据实际情况计算不同工况下的各项荷载及其组合。
113	3.3.7	实体施工质量	建设、施工、监理单位	楼板后浇带的模板支撑体系按规定单独设置	《混凝土结构工程施工质量验收规范》（GB50204—2015）4.2.3	后浇带处的模板及支架应独立设置。
114	3.3.8	实体施工质量	建设、施工、监理单位，预拌混凝土生产企业	严禁在混凝土中加水	《混凝土结构通用规范》（GB55008—2021）5.4.1	混凝土运输、输送、浇筑过程中严禁加水。
115	3.3.9	实体施工质量	建设、施工、监理单位，预拌混凝土生产企业	严禁将洒落的砼浇筑到混凝土结构中	《混凝土结构通用规范》（GB55008—2021）5.4.1	运输、输送、浇筑过程中散落的混凝土严禁用于结构浇筑。
116	3.3.10	实体施工质量	建设、施工、监理单位	各部位混凝土强度符合设计和规范要求	《混凝土结构通用规范》（GB55008—2021）2.0.2、5.1.1	1. 结构混凝土强度等级的选用应满足工程结构的承载力、刚度及耐久性要求。 2. 混凝土结构工程施工应确保设计要求。
117	3.3.11	实体施工质量	建设、施工、监理单位	墙和板、梁和柱连接部位的混凝土强度符合设计和规范要求	《混凝土结构工程施工规范》（GB50666—2011）8.3.8	1. 柱、墙混凝土设计强度比梁、板混凝土设计强度高一个等级时，柱、墙位置梁、板高度范围内的混凝土经设计单位确认，可采用与梁、板混凝土设计强度等级相同的混凝土进行浇筑。 2. 柱、墙混凝土设计强度比梁、板混凝土设计强度高两个等级及以上时，应在交界区域采取分隔措施；分隔位置应在低强度等级的构件中，且距高强度等级构件边缘不应小于500 mm。 3. 宜先浇筑强度等级高的混凝土，后浇筑强度等级低的混凝土。

续表

序号	编号	类别	实施对象	实施条款	实施依据	实施内容
118	3.3.12	实体施工质量	建设、施工、监理单位	混凝土构件的外观质量符合设计和规范要求	《混凝土结构通用规范》（GB55008—2021）5.1.5	混凝土结构的外观质量不应有严重缺陷及影响结构性能和使用功能的尺寸偏差。
					《混凝土结构工程施工质量验收规范》（GB50204—2015）8.2.1	现浇结构的外观质量不应有严重缺陷。对已经出现的严重缺陷，应由施工单位提出技术处理方案，并经监理单位认可后进行处理；对裂缝或连接部位的严重缺陷及其他影响结构安全的严重缺陷，技术处理方案尚应经设计单位认可。对经处理的部位应重新验收。
119	3.3.13	实体施工质量	建设、施工、监理单位	混凝土构件的尺寸符合设计和规范要求	《混凝土结构工程施工质量验收规范》（GB50204—2015）8.3.2	现浇结构的位置和尺寸偏差及检验方法应符合规定要求。
120	3.3.14	实体施工质量	建设、施工、监理单位	后浇带、施工缝的接茬处应处理到位	《混凝土结构工程施工规范》（GB50666—2011）8.3.10	1. 结合面应为粗糙面，并应清除浮浆、松动石子、软弱混凝土层。2. 结合面处应洒水湿润，但不得有积水。3. 施工缝处已浇筑混凝土的强度不应小于1.2MPa。4. 柱、墙水平施工缝水泥砂浆接浆层厚度不应大于30mm，接浆层水泥砂浆应与混凝土浆液成分相同。5. 后浇带混凝土强度等级及性能应符合设计要求；当设计无具体要求时，后浇带混凝土强度等级宜比两侧混凝土提高一级，并宜采用减少收缩的技术措施。
121	3.3.15	实体施工质量	建设、施工、监理单位	后浇带的混凝土按设计和规范要求的时间进行浇筑	《混凝土结构工程施工规范》（GB50666—2011）8.3.11	超长结构混凝土浇筑应符合下列规定：1. 可留设施工缝分仓浇筑，分仓浇筑间隔时间不应少于7d；2. 当留设后浇带时，后浇带封闭时间不得少于14d；3. 超长整体基础中调节沉降的后浇带，混凝土封闭时间应通过监测确定，应在差异沉降稳定后封闭后浇带；4. 后浇带的封闭时间尚应经设计单位确认。
122	3.3.16	实体施工质量	建设、施工、监理单位	按规定设置施工现场标养室（箱）	《混凝土结构工程施工规范》（GB50666—2011）8.5.10	施工现场应具备混凝土标准试件制作条件，并应设置标准试件养护室或养护箱。标准试件养护应符合国家现行有关标准的规定。

序号	编号	类别	实施对象	实施条款	实施依据	实施内容
123	3.3.17	实体施工质量	建设、施工、监理单位	混凝土试块应及时进行标识	《混凝土结构工程施工规范》（GB50666—2011）3.3.8	1. 试件均应及时进行唯一性标识。 2. 混凝土试件的抽样方法、抽样地点、抽样数量、养护条件、试验龄期应符合现行国家标准《混凝土结构工程施工质量验收规范》GB50204、《混凝土强度检验评定标准》GB/T50107等的有关规定。 3. 混凝土试件的制作要求、试验方法应符合现行国家标准《普通混凝土力学性能试验方法标准》GB/T50081等的有关规定。
124	3.3.18	实体施工质量	建设、施工、监理单位	同条件试块应按规定在施工现场养护	《混凝土结构工程施工规范》（GB50666—2011）8.5.9	同条件养护试件的养护条件应与实体结构部位养护条件相同，并应妥善保管。
125	3.3.19	实体施工质量	建设、施工、监理单位	楼板上的堆载不得超过楼板结构设计承载能力	《混凝土结构通用规范》（GB55008—2021）5.1.1	混凝土结构工程施工应确保实现设计要求，并应符合下列规定： 1. 应编制施工组织设计、施工方案并实施。 2. 应制定资源节约和环境保护措施并实施。 3. 应对已完成的实体进行保护，且作用在已完成实体上的荷载不应超过规定值。
					《混凝土结构工程施工规范》（GB50666—2011）8.5.8	混凝土强度达到1.2 MPa前，不得在其上踩踏、堆放物料、安装模板及支架。
					《砌体结构工程施工质量验收规范》（GB50203—2011）3.0.18	砌体施工时，楼面和屋面堆载不得超过楼板的允许荷载值。当施工层进料口处施工荷载较大时，楼板下宜采取临时支撑措施。
126	增12	实体施工质量	建设、施工、监理单位	混凝土浇筑后应及时进行保湿养护	《混凝土结构工程施工规范》（GB50666—2011）8.5.2、8.5.7	1. 采用硅酸盐水泥、普通硅酸盐水泥或矿渣硅酸盐水泥配制的混凝土，不应少于7 d；采用其他品种水泥时，养护时间应根据水泥性能确定。 2. 采用缓凝型外加剂、大掺量矿物掺合料配制的混凝土，不应少于14 d。 3. 抗渗混凝土、强度等级C60及以上的混凝土，不应少于14 d。 4. 后浇带混凝土的养护时间不应少于14 d。 5. 地下室底层墙、柱和上部结构首层墙、柱，宜适当增加养护时间。地下室底层和上部结构首层柱、墙混凝土带模养护时间，不应少于3 d；带模养护结束后，可采用洒水养护方式继续养护，也可采用覆盖养护或喷涂养护剂养护方式继续养护。 6. 大体积混凝土养护时间应根据施工方案确定。

序号	编号	类别	实施对象	实施条款	实施依据	实施内容
					《大体积混凝土施工标准》（GB50496—2018）5.5.1、5.5.2	1. 大体积混凝土应采取保温保湿养护： （1）应专人负责保温养护工作，并应进行测试记录； （2）保湿养护持续时间不宜少于 14 d，应经常检查塑料薄膜或养护剂涂层的完整情况，并应保持混凝土表面湿润； （3）保温覆盖层拆除应分层逐步进行，当混凝土表面温度与环境最大温差小于 20℃时，可全部拆除。 2. 混凝土浇筑完毕后，在初凝前宜立即进行覆盖或喷雾养护工作。 3. 混凝土保温材料可采用塑料薄膜、土工布、麻袋、阻燃保温被等，必要时，可搭设挡风保温棚或遮阳降温棚。在保温养护中，应现场监测混凝土浇筑体的里表温差和降温速率，当实测结果不满足温控指标要求时，应及时调整保温养护措施。 4. 大体积混凝土拆模后，地下结构应及时回填土；地上结构不宜长期暴露在自然环境中。
					《粉煤灰混凝土应用技术规范》（GB/T50146—2014）6.0.4	粉煤灰混凝土浇筑完毕后，应及时进行保湿养护，养护时间不宜少于 28 d。粉煤灰混凝土在低温条件下施工时应采取保温措施。当日平均气温 2 d 到 3 d 连续下降大于 6℃时，应加强粉煤灰混凝土表面的保护。当现场施工不能满足养护条件要求时，应降低粉煤灰掺量。
127	增13	实体施工质量	建设、施工、监理单位	模板支撑体系应按规范要求进行拆除	《混凝土结构工程施工规范》（GB50666—2011）4.5.1、4.5.2	1. 模板拆除时，可采取先支的后拆、后支的先拆，先拆非承重模板、后拆承重模板的顺序，并应从上而下进行拆除。 2. 底模及支架应在混凝土强度达到设计要求后再拆除；设计无具体要求时，同条件养护的混凝土立方体试件抗压强度应符合表 4.5.2 的规定。
128	增14	实体施工质量	建设、施工、监理单位	冬期混凝土浇筑及养护应采取必要的保温措施	《混凝土结构工程施工规范》（GB50666—2011）10.2.7、10.2.8、10.2.9、10.2.13	1. 混凝土拌合物的出机温度不宜低于 10℃，入模温度不应低于 5℃；预拌混凝土或需远距离运输的混凝土，混凝土拌合物的出机温度可根据距离经热工计算确定，但不宜低于 15℃。 2. 混凝土运输、输送机具及泵管应采取保温措施。 3. 混凝土浇筑前，应清除地基、模板和钢筋上的冰雪和污垢，并应进行覆盖保温。 4. 混凝土结构工程冬期施工养护，应符合下列规定： （1）采用综合蓄热法养护时，混凝土中应掺加具有减水、引气性能的早强剂或早强型外加剂；

序号	编号	类别	实施对象	实施条款	实施依据	实施内容
						（2）对不易保温养护且对强度增长无具体要求的一般混凝土结构，可采用掺防冻剂的负温养护法进行养护； （3）当本条第1、2款不能满足施工要求时，可采用暖棚法、蒸汽加热法、电加热法等方法进行养护，但应采取降低能耗的措施。 5. 混凝土浇筑后，对裸露表面应采取防风、保湿、保温措施，对边、棱角及易受冻部位应加强保温。在混凝土养护和越冬期间，不得直接对负温混凝土表面浇水养护。
129	3.4	钢结构工程				
130	3.4.1	实体施工质量	建设、施工、监理单位	焊工应当持证上岗，在其合格证规定的范围内施焊	《钢结构焊接规范（GB50661—2011）3.0.4	钢结构焊接相关人员的资格应符合下列规定： 1. 焊接技术人员应具有中级以上技术职称，并接受过专门的焊接技术培训，且有一年以上焊接生产或施工实践经验； 2. 焊接检验人员应接受过专门的技术培训，有一定的焊接实践经验和技术水平，并具有检验人员上岗资格证； 3. 无损检测人员必须由专业机构考核合格，其资格证书应在有效期内，并按考核合格项目及权限从事无损检测和审核工作； 4. 焊工应按规定考试合格，并取得资格证书，其施焊范围不得超越资格证书的规定； 5. 焊接热处理人员应具备相应的专业技术。用电加热设备加热时，其操作人员应经过专业培训。
131	3.4.2	实体施工质量	建设、施工、监理单位、检测单位	一、二级焊缝应进行焊缝内部缺陷检验	《钢结构通用规范（GB55006—2021）7.2.3、7.2.4	1. 全部焊缝应进行外观检查。要求全焊透的一、二级焊缝应进行内部缺陷无损检验，一级焊缝探伤比例应为100%，二级焊缝探伤比例应不低于20%。 2. 焊接质量抽样检验结果判定应符合以下规定： （1）除裂纹缺陷外，抽样检验的焊缝数不合格率小于2%时，该批验收合格；抽样检验的焊缝数不合格率大于5%时，该批验收不合格；抽样检验的焊缝数不合格率为2%～5%时，应按不少于2%探伤比例对其他未检焊缝进行抽检，且必须在原不合格部位两侧的焊缝延长线各增加一处，在所有抽检焊缝中不合格率不大于3%时，该批验收合格，大于3%时，该批验收不合格； （2）当检验有1处裂纹缺陷时，应加倍抽查，在加倍抽检焊缝中未再检查出裂纹缺陷时，该批验收合格；检验发现多处裂纹缺陷或加倍抽查又发现裂纹缺陷时，该批验收不合格，应对该批余下焊缝的全数进行检验； （3）批量验收不合格时，应对该批余下的全部焊缝进行检验。

序号	编号	类别	实施对象	实施条款	实施依据	实施内容
					《钢结构焊接规范（GB50661—2011）8.1.1	焊接检验应按下列要求分为两类： 1. 自检，是施工单位在制造、安装过程中，由本单位具有相应资质的检测人员或委托具有相应检验资质的检测机构进行的检验； 2. 监检，是业主或其代表委托具有相应检验资质的独立第三方检测机构进行的检验。
132	3.4.3	实体施工质量	建设、施工、监理单位	高强度螺栓连接副的安装符合设计和规范要求	《钢结构工程施工质量验收规范（GB50205—2020）6.3.3、6.3.4、6.3.5、6.3.6、6.3.7、6.3.8	1. 高强度螺栓应自由穿入螺栓孔。当不能自由穿入时，应用铰刀修正。修孔数量不应超过该节点螺栓数量的25%，扩孔后的孔径不应超过1.2 d（d为螺栓直径）。 2. 高强度螺栓连接副的施拧顺序和初拧、终拧扭矩应满足设计要求和国家现行行业标准规定。 3. 高强度螺栓连接副终拧后，螺栓丝扣外露应为2～3扣，其中允许有10%的螺栓丝扣外露1扣或4扣。 4. 高强度螺栓连接副终拧完成1 h后、48 h内应进行终拧质量检查。 5. 对于扭剪型高强度螺栓连接副，除因构造原因无法使用专用扳手拧掉梅花头者外，螺栓尾部梅花头拧断为终拧结束。未在终拧中拧掉梅花头的螺栓数不应大于该节点螺栓数的5%，对所有梅花头未拧掉的扭剪型高强度螺栓连接副应采用扭矩法或转角法进行终拧并作标记，并按规范规定进行终拧质量检查。 6. 螺栓球节点网架总拼完成后，高强度螺栓与球节点应紧固连接，高强度螺栓拧入螺栓球内的螺纹长度不应小于1.0 d，连接处不应出现有间隙、松动等未拧紧情况。
133	3.4.4	实体施工质量	建设、施工、监理单位	钢管混凝土柱与钢筋混凝土梁连接节点核心区的构造应符合设计要求	《钢管混凝土工程施工质量验收规范（GB50628—2010）4.5.1	1. 钢管混凝土柱与钢筋混凝土梁连接节点核心区的构造及钢筋的规格、位置、数量应符合设计要求。 2. 施工中应依据施工图设计文件进行放大样或做出模型，表明构造形式、钢管混凝土柱与钢筋混凝土梁、钢筋之间的关系。
134	3.4.5	实体施工质量	建设、施工、监理单位	钢管内混凝土的强度等级应符合设计要求	《钢管混凝土工程施工质量验收规范（GB50628—2010）4.7.1及条文解释	1. 设计应对混凝土的强度等级、工艺性、收缩性等提出要求。 2. 施工单位应严格按照设计要求与经审批的专项施工方案进行施工，并留置标准养护试块。 3. 检查相关试件强度试验报告。

序号	编号	类别	实施对象	实施条款	实施依据	实施内容
135	3.4.6	实体施工质量	建设、施工、监理单位	钢结构防火涂料的粘结强度、抗压强度应符合设计和规范要求	《钢结构工程施工质量验收标准》（GB50205—2020）3.0.4、13.4.2	1. 采用的原材料及成品应进行进场验收，凡涉及安全、功能的原材料及成品应按规定进行复验，并应经监理工程师（建设单位技术负责人）见证取样送样； 2. 防火涂料粘结强度、抗压强度应符合现行国家标准的规定。每使用100 t或不足100 t薄型防火涂料应抽检一次粘接强度；每使用500 t或不足500 t厚涂型防火涂料应抽检一次粘接强度和抗压强度。应检查相关复检报告。
136	3.4.7	实体施工质量	建设、施工、监理单位	薄涂型、厚涂型防火涂料的涂层厚度符合设计要求	《钢结构通用规范》（GB55006—2021）7.3.2	膨胀型防火涂料的涂层厚度应符合耐火极限的设计要求。非膨胀型防火涂料的厚度，80%及以上涂层面积应符合耐火极限的设计要求，且最薄处厚度不应低于设计要求的85%。检查数量按同类构件数抽查10%，且不应少于3件。
137	3.4.8	实体施工质量	建设、施工、监理单位	钢结构防腐涂料涂装的涂料、涂装遍数、涂层厚度均应符合设计要求	《钢结构通用规范》（GB55006—2021）7.3.1	钢结构防腐涂料、涂装遍数、涂层厚度均应符合设计和涂料产品说明书要求。当设计对涂层厚度无要求时，涂层干漆膜总厚度：室外应为150 μm，室内应为125 μm，其允许偏差为−25 μm。 检查数量与检验方法应符合下列规定： 1. 按构件数抽查10%，且同类构件不应少于3件； 2. 每个构件检测5处，每处数值为3个相距50 mm测点涂层干漆膜厚度的平均值。
138	3.4.9	实体施工质量	建设、施工、监理单位	多层和高层钢结构主体结构整体垂直度和整体平面弯曲偏差符合设计和规范要求	《钢结构工程施工质量验收标准》（GB50205—2020）10.9.1	主体钢结构整体立面偏移的允许偏差应符合：单层H/1000，且不大于25.0 mm；高度60 m以下的多高层（H/2500+10），且不大于30.0 mm；高度60 m至100 m的高层（H/2500+10），且不大于50.0 mm；高度100 m以上的高层（H/2500+10），且不大于80.0 mm；整体平面弯曲的允许偏差应符合：L/1500，且不大于50.0 mm。
139	3.4.10	实体施工质量	建设、施工、监理单位	钢网架结构总拼完成后及屋面工程完成后，所测挠度值符合设计和规范要求	《钢结构工程施工质量验收标准》（GB50205—2020）11.3.1	钢网架、网壳结构总拼完成后及屋面工程完成后应分别测量其挠度值，且所测的挠度值不应超过相应荷载条件下挠度设计值的1.15倍。检查数量：跨度24 m及以下钢网架、网壳结构，测量下弦中央一点；跨度24 m以上钢网架、网壳结构，测量下弦中央一点及各向下弦跨度的四等分点。

序号	编号	类别	实施对象	实施条款	实施依据	实施内容
140	3.5	装配式混凝土工程				
141	3.5.1	实体施工质量	建设、施工、监理单位	预制构件的质量、标识符合设计和规范要求	《混凝土结构工程施工质量验收规范》（GB50204—2015）9.2.1、9.2.5	1. 预制构件的质量应符合国家现行相关标准的规定和设计的要求。 2. 预制构件应有标识。预制构件表面的标识应清晰、可靠，以确保能够识别预制构件的"身份"，并在施工全过程中对发生的质量问题可追溯。预制构件表面的标识内容一般包括生产单位、构件型号、生产日期、质量验收标志等，如有必要，尚需通过约定标识表示构件在结构中安装的位置和方向、吊运过程中的朝向等。
142	3.5.2	实体施工质量	建设、施工、监理单位	预制构件的外观质量、尺寸偏差和预留孔、预留洞、预埋件、预留插筋、键槽的位置符合设计和规范要求	《混凝土结构工程施工规范》（GB50666—2011）9.1.4	预制构件经检查合格后，应在构件上设置可靠标识。在装配式结构的施工全过程中，应采取防止预制构件损伤或污染的措施。
					《装配整体式混凝土结构工程预制构件制作与验收规程》（DB37/T5020—2014）6.4.5、7.1.2	1. 预制构件验收合格后应在明显部位标识构件型号、生产日期和质量验收合格标志。 2. 预制构件编码系统应包括构件型号、质量情况、使用部位、外观、生产日期（批次）及"合格"字样。
					《混凝土结构工程施工质量验收规范》（GB50204—2015）9.2.3、9.2.4、9.2.6、9.2.7	1. 预制构件的外观质量不应有严重缺陷，且不应有影响结构性能和安装、使用功能的尺寸偏差。 2. 预制构件上的预埋件、预留插筋、预埋管线等的规格和数量以及预留孔、预留洞的数量应符合设计要求。 3. 预制构件的外观质量不应有一般缺陷。 4. 预制构件的尺寸偏差及检验方法应符合《混凝土结构工程施工质量验收规范》GB50204表9.2.7的规定；设计有专门规定时，尚应符合设计要求。施工过程中临时使用的预埋件，其中心线位置允许偏差可取《混凝土结构工程施工质量验收规范》GB50204表9.2.7中规定数值的2倍。
					《装配式混凝土建筑技术标准（GB/T51231—2016）9.7.1~9.7.5	1. 预制构件生产时应采取措施避免出现外观质量缺陷。外观质量缺陷根据其影响结构性能、安装和使用功能的严重程度，可按《装配式混凝土建筑技术标准》GB/T51231表9.7.1规定划分为严重缺陷和一般缺陷。 2. 预制构件出模后应及时对其外观质量进行全数目测检查。预制构件外观质量不应有缺陷，对已经出现的严重缺陷应制定技术处理方案进行处理并重新检验，对出现的一般缺陷应进行修整并达到合格。

序号	编号	类别	实施对象	实施条款	实施依据	实施内容
						3. 预制构件不应有影响结构性能、安装和使用功能的尺寸偏差。对超过尺寸允许偏差且影响结构性能和安装、使用功能的部位应经原设计单位认可，制定技术处理方案进行处理，并重新检查验收。 4. 预制构件尺寸偏差及预留孔、预留洞、预埋件、预留插筋、键槽的位置和检验方法应符合《装配式混凝土建筑技术标准》GB/T51231 表 9.7.4-1 ～ 9.7.4-4 的规定。预制构件有粗糙面时，与预制构件粗糙面相关的尺寸允许偏差可放宽 1.5 倍。 5. 预制构件的预埋件、插筋、预留孔的规格、数量应满足设计要求。
					《装配式混凝土结构技术规程（JGJ1—2014）11.4.1、11.4.2	1. 预制构件的外观质量不应有严重缺陷，且不宜有一般缺陷。对已出现的一般缺陷，应按技术方案进行处理，并应重新检验。 2. 预制构件的允许尺寸偏差及检验方法应符合规定。预制构件有粗糙面时，与粗糙面相关的尺寸允许偏差可适当放松。
143	3.5.3	实体施工质量	建设、施工、监理单位	夹芯外墙板内外叶墙板之间的拉结件类别、数量、使用位置及性能符合设计要求	《装配式混凝土结构技术规程（JGJ1—2014）4.2.7、11.4.5	1. 金属及非金属材料拉结件均应具有规定的承载力、变形和耐久性能，并应经过试验验证。 2. 拉结件应满足夹心外墙板的节能设计要求。 3. 夹心外墙板的内外叶墙板之间的拉结件类别、数量及使用位置应符合设计要求。
144	3.5.4	实体施工质量	建设、施工、监理单位	预制构件表面预贴饰面砖、石材等饰面与混凝土的粘结性能符合设计和规范要求	《装配式混凝土建筑技术标准（GB/T51231—2016）9.6.5、9.7.7	1. 带面砖或石材饰面的预制构件宜采用反打一次成型工艺制作，并应符合下列规定： （1）应根据设计要求选择面砖的大小、图案、颜色，背面应设置燕尾槽或确保连接性能可靠的构造； （2）面砖入模铺设前，宜根据设计排板图将单块面砖制成面砖套件，套件的长度不宜大于 600 mm，宽度不宜大于 300 mm； （3）石材入模铺设前，宜根据设计排板图的要求进行配板和加工，并应提前在石材背面安装不锈钢锚固拉钩和涂刷防泛碱处理剂； （4）应使用柔韧性好、收缩小、具有抗裂性能且不污染饰面的材料嵌填面砖或石材间的接缝，并应采取防止面砖或石材在安装钢筋及浇筑混凝土等工序中出现位移的措施。 2. 面砖与混凝土的粘结强度应符合现行行业标准《建筑工程饰面砖粘结强度检验标准》JGJ110 和《外墙饰面砖工程施工及验收规程》JGJ126 的有关规定。

序号	编号	类别	实施对象	实施条款	实施依据	实施内容
145	3.5.5	实体施工质量	建设、施工、监理单位	后浇混凝土中钢筋安装、钢筋连接、预埋件安装符合设计和规范要求	《装配式混凝土建筑技术标准（GB/T51231—2016）11.1.5	装配式混凝土结构连接节点及叠合构件浇筑混凝土前，应进行隐蔽工程验收。隐蔽工程验收应包括下列主要内容： 1. 混凝土粗糙面的质量，键槽的尺寸、数量、位置； 2. 钢筋的牌号、规格、数量、位置、间距，箍筋弯钩的弯折角度及平直段长度； 3. 钢筋的连接方式、接头位置、接头数量、接头面积百分率、搭接长度、锚固方式及锚固长度； 4. 预埋件、预留管线的规格、数量、位置； 5. 预制混凝土构件接缝处防水、防火等构造做法； 6. 保温及其节点施工； 7. 其他隐蔽项目。
146	3.5.6	实体施工质量	建设、施工、监理单位	预制构件的粗糙面或键槽符合设计要求	《混凝土结构工程施工质量验收规范》（GB50204—2015）9.2.8	1. 预制构件的粗糙面的质量及键槽的数量应符合设计要求。 2. 装配整体式结构中预制构件与后浇混凝土结合的界面称为结合面，具体可为粗糙面或键槽两种形式。有需要时，还应在键槽、粗糙面上配置抗剪或抗拉钢筋等，以确保结构的整体性。
					《混凝土结构工程施工规范》（GB50666—2011）9.3.10	采用现浇混凝土或砂浆连接的预制构件结合面，制作时应按设计要求进行处理。设计无具体要求时，宜进行拉毛或凿毛处理，也可采用露骨料粗糙面。
					《装配式混凝土结构技术规程》（JGJ1—2014）11.3.7	1. 采用后浇混凝土或砂浆、灌浆料连接的预制构件结合面，制作时应按设计要求进行粗糙面处理。设计无具体要求时，可采用化学处理、拉毛或凿毛等方法制作粗糙面。 2. 预制构件与后浇混凝土实现可靠连接可以采用连接钢筋、键槽及粗糙面等方法。粗糙面可采用拉毛或凿毛处理方法，也可采用化学处理方法。采用化学方法处理时可在模板上或需要露骨料的部位涂刷缓凝剂，脱模后用清水冲洗干净，避免残留物对混凝土及其结合面造成影响。为避免常用的缓凝剂中含有影响人体健康的成分，应严格控制缓凝剂，使其不含有氯离子和硫酸根离子、磷酸根离子，pH值应控制在6～8；产品应附有使用说明书，注明药剂的类型、适用的露骨料深度、使用方法、储存条件、推荐用量、注意事项等内容。

序号	编号	类别	实施对象	实施条款	实施依据	实施内容
147	3.5.7	实体施工质量	建设、施工、监理单位	预制构件与预制构件、预制构件与主体结构之间的连接符合设计要求	《装配式混凝土结构技术规程（JGJ1—2014）12.3.2、12.3.3	1. 采用钢筋套筒灌浆连接、钢筋浆锚搭接连接的预制构件就位前，应检查下列内容： （1）套筒、预留孔的规格、位置、数量和深度； （2）被连接钢筋的规格、数量、位置和长度。当套筒、预留孔内有杂物时，应清理干净；当连接钢筋倾斜时，应进行校直。连接钢筋偏离套筒或孔洞中心线不宜超过5 mm。 2. 墙、柱构件的安装应符合下列规定： （1）构件安装前，应清洁结合面； （2）构件底部应设置可调整接缝厚度和底部标高的垫块； （3）钢筋套筒灌浆连接接头、钢筋浆锚搭接连接接头灌浆前，应对接缝周围进行封堵，封堵措施应符合结合面承载力设计要求； （4）多层预制剪力墙底部采用坐浆材料时，其厚度不宜大于20 mm。
					《装配式混凝土建筑技术标准（GB/T51231—2016）10.4.2	1. 现浇混凝土中伸出的钢筋应采用专用模具进行定位，并应采用可靠的固定措施控制连接钢筋的中心位置及外露长度满足设计要求。 2. 构件安装前应检查预制构件上套筒、预留孔的规格、位置、数量和深度；当套筒、预留孔内有杂物时，应清理干净。 3. 应检查被连接钢筋的规格、数量、位置和长度。当连接钢筋倾斜时，应进行校直。连接钢筋偏离套筒或孔洞中心线不宜超过3 mm。连接钢筋中心位置存在严重偏差影响预制构件安装时，应会同设计单位制定专项处理方案，严禁随意切割、强行调整定位钢筋。
148	3.5.8	实体施工质量	建设、施工、监理单位	后浇筑混凝土强度符合设计要求	《装配式混凝土建筑技术标准（GB/T51231—2016）11.3.2	1. 装配式结构采用后浇混凝土连接时，构件连接处后浇混凝土的强度应符合设计要求。 2. 当后浇混凝土和现浇结构采用相同强度等级混凝土浇筑时，此时可以采用现浇结构的混凝土试块强度进行评定；对有特殊要求的后浇混凝土应单独制作试块进行检验评定。
					《混凝土结构通用规范（GB55008—2021）5.5.2	预制叠合构件的接合面、预制构件连接节点的接合面，应按设计要求做好界面处理并清理干净，后浇混凝土应饱满、密实。
149	3.5.9	实体施工质量	建设、施工、监理单位	钢筋灌浆套筒、灌浆套筒接头符合设计和规范要求	《混凝土结构工程施工质量验收规范（GB50204—2015）9.3.2	钢筋采用套筒灌浆连接时，灌浆应饱满、密实，其材料及连接质量应符合国家现行行业标准《钢筋套筒灌浆连接应用技术规程》JGJ355的规定。

序号	编号	类别	实施对象	实施条款	实施依据	实施内容
					《混凝土结构通用规范》（GB55008—2021）5.5.1	套筒灌浆连接接头应进行工艺检验和现场平行加工试件性能检验；灌浆应饱满密实。
					《钢筋套筒灌浆连接应用技术规程》（JGJ355—2015）3.1.2、3.1.3、6.1.1	1. 灌浆套筒应符合现行行业标准《钢筋连接用灌浆套筒》JG/T398的有关规定。灌浆套筒灌浆端最小内径与连接钢筋公称直径的差值不宜小于表3.1.2规定的数值，用于钢筋锚固的深度不宜小于插入钢筋公称直径的8倍。 2. 灌浆料性能及试验方法应符合现行行业标准《钢筋连接用套筒灌浆料》JG/T408的有关规定，并应符合下列规定： （1）灌浆料抗压强度应符合《钢筋套筒灌浆连接应用技术规程》JGJ355表3.1.3-1的要求，且不应低于接头设计要求的灌浆料抗压强度；灌浆料抗压强度试件尺寸应按40 mm×40 mm×160 mm尺寸制作，其加水量应按灌浆料产品说明书确定，试件应按标准方法制作、养护； （2）灌浆料竖向膨胀率应符合表3.1.3-2的要求； （3）灌浆料拌合物的工作性能应符合表3.1.3-3的要求，泌水率试验方法应符合现行国家标准《普通混凝土拌合物性能试验方法标准》GB/T50080的规定。 3. 套筒灌浆连接应采用由接头型式检验确定的相匹配的灌浆套筒、灌浆料。
150	3.5.10	实体施工质量	建设、施工、监理单位	钢筋连接套筒、浆锚搭接的灌浆应饱满	《混凝土结构通用规范》（GB55008—2021）5.5.1	套筒灌浆连接接头应进行工艺检验和现场平行加工试件性能检验；灌浆应饱满密实。
					《钢筋套筒灌浆连接应用技术规程（JGJ355—2015）12.3.4	钢筋套筒灌浆连接接头、钢筋浆锚搭接连接接头应按检验批划分要求及时灌浆，灌浆作业应符合国家现行有关标准及施工方案的要求，并应符合下列规定： （1）灌浆施工时，环境温度不应低于5℃；当连接部位养护温度低于10℃时，应采取加热保温措施； （2）灌浆操作全过程应有专职检验人员负责旁站监督并及时形成施工质量检查记录； （3）应按产品使用说明书的要求计量灌浆料和水的用量，并搅拌均匀；每次拌制的灌浆料拌合物应进行流动度的检测，且其流动度应满足本规程的规定； （4）灌浆作业应采用压浆法从下口灌注，当浆料从上口流出后应及时封堵，必要时可设分仓进行灌浆； （5）灌浆料拌合物应在制备后30 min内用完。

序号	编号	类别	实施对象	实施条款	实施依据	实施内容
151	3.5.11	实体施工质量	建设、施工、监理单位	预制构件连接接缝处防水做法符合设计要求	《混凝土结构工程施工规范》（GB50666—2011）9.5.11	当设计对构件连接处有防水要求时，材料性能及施工应符合设计要求及国家现行有关标准的规定。
					《混凝土结构工程施工质量验收规范》（GB50204—2015）9.1.2	装配式结构的接缝施工质量及防水性能应符合设计要求和国家现行相关标准的要求。
					《装配式混凝土建筑技术标准》（GB/T51231—2016）0.4.11、11.3.11	1. 外墙板接缝防水施工应符合下列规定：（1）防水施工前，应将板缝空腔清理干净；（2）应按设计要求填塞背衬材料；（3）密封材料嵌填应饱满、密实、均匀、顺直、表面平滑，其厚度应满足设计要求。2. 外墙板接缝的防水性能应符合设计要求。
					《装配式混凝土结构技术规程》（JGJ1—2014）4.3.1、13.3.2	1. 外墙板接缝处的密封材料应符合下列规定：（1）密封胶应与混凝土具有相容性，以及规定的抗剪切和伸缩变形能力；密封胶尚应具有防霉、防水、防火、耐候等性能；（2）硅酮、聚氨酯、聚硫建筑密封胶应分别符合国家现行标准《硅酮建筑密封胶》GB/T14683、《聚氨酯建筑密封胶》JC/T482、《聚硫建筑密封胶》JC/T483 的规定；（3）夹心外墙板接缝处填充用保温材料的燃烧性能应满足国家标准《建筑材料及制品燃烧性能分级》GB8624 中 A 级的要求。2. 外墙板接缝的防水性能应符合设计要求。
152	3.5.12	实体施工质量	建设、施工、监理单位	预制构件的安装尺寸偏差符合设计和规范要求	《混凝土结构工程施工质量验收规范》（GB50204—2015）9.3.9	装配式结构施工后，预制构件位置、尺寸偏差及检验方法应符合设计要求；当设计无具体要求时，应符合表9.3.9的规定。预制构件与现浇结构连接部位的表面平整度应符合《混凝土结构工程施工质量验收规范》GB50204 表9.3.9 的规定。
153	3.5.13	实体施工质量	建设、施工、监理单位	后浇混凝土的外观质量和尺寸偏差符合设计和规范要求	《装配式混凝土建筑技术标准》（GB/T51231—2016）11.1.3	装配式混凝土结构工程应按混凝土结构子分部工程进行验收，混凝土结构子分部中其他分项工程应符合现行国家标准《混凝土结构工程施工质量验收规范》GB50204 的有关规定。
					《混凝土结构工程施工质量验收规范》（GB50204—2015）8.2.1、8.2.2、8.3.1、8.3.2	1. 现浇结构的外观质量不应有严重缺陷。对已经出现的严重缺陷，应由施工单位提出技术处理方案，并经监理单位认可后进行处理；对裂缝或连接部位的严重缺陷及其他影响结构安全的严重缺陷，技术处理方案尚应经设计单位认可。对经处理的部位应重新验收。

序号	编号	类别	实施对象	实施条款	实施依据	实施内容
						2. 现浇结构的外观质量不应有一般缺陷。对已经出现的一般缺陷，应由施工单位按技术处理方案进行处理。对经处理的部位应重新验收。 3. 现浇结构不应有影响结构性能或使用功能的尺寸偏差；混凝土设备基础不应有影响结构性能和设备安装的尺寸偏差。对超过尺寸允许偏差且影响结构性能和安装、使用功能的部位，应由施工单位提出技术处理方案，经监理、设计单位认可后进行处理。对经处理的部位应重新验收。 4. 现浇结构的位置和尺寸偏差及检验方法应符合《混凝土结构工程施工质量验收规范》GB50204 表 8.3.2 的规定。
154	3.6	砌体工程				
155	3.6.1	实体施工质量	建设、施工、监理单位	砌块质量符合设计和规范要求	《砌体结构工程施工质量验收规范》（GB50203—2011）3.0.1、5.1.2、5.1.3、6.1.3	1. 砌体结构工程所用的材料应有产品合格证书、产品性能型式检验报告，质量应符合国家现行有关标准的要求。块体、水泥、钢筋、外加剂尚应有材料主要性能的进场复验报告，并应符合设计要求。严禁使用国家明令淘汰的材料。 2. 用于清水墙、柱表面的砖，应边角整齐，色泽均匀。 3. 砌体砌筑时，混凝土多孔砖、混凝土实心砖、蒸压灰砂砖、蒸压粉煤灰砖、蒸压加气混凝土砌块等块体的产品龄期不应小于28 d。 4. 施工采用的小砌块的产品龄期不应小于28 d。
156	3.6.2	实体施工质量	建设、施工、监理单位	砌筑砂浆的强度符合设计和规范要求	《砌体结构通用规范（GB55007—2021）3.3.1、3.3.3、3.3.4、3.3.5、4.3.1	1. 砌筑砂浆的最低强度等级应符合下列规定： （1）设计工作年限大于和等于 25 年的烧结普通砖和烧结多孔砖砌体应为 M5，设计工作年限小于 25 年的烧结普通砖和烧结多孔砖砌体应为 M2.5； （2）蒸压加气混凝土砌块砌体应为 Ma5，蒸压灰砂普通砖和蒸压粉煤灰普通砖砌体应为 Ms5； （3）混凝土普通砖、混凝土多孔砖砌体应为 Mb5； （4）混凝土砌块、煤矸石混凝土砌块砌体应为 Mb7.5； （5）配筋砌块砌体应为 Mb10； （6）毛料石、毛石砌体应为 M5。 2. 设计有抗冻要求的砌体时，砂浆应进行冻融试验，其抗冻性能不应低于墙体块材。 3. 配置钢筋的砌体不得使用掺加氯盐和硫酸盐类外加剂的砂浆。 4. 配筋砌块砌体的材料选择应符合下列规定： （1）灌孔混凝土应具有抗收缩性能；

序号	编号	类别	实施对象	实施条款	实施依据	实施内容
						（2）对安全等级为一级或设计工作年限大于50年的配筋砌块砌体房屋，砂浆和灌孔混凝土的最低强度等级应按本规范相关规定至少提高一级。 5. 底部框架–抗震墙砌体结构房屋底部抗震墙构造应符合下列规定： （1）当6度区的底层抗震墙采用普通砖砌体墙时，墙厚不应小于240 mm，砌筑砂浆强度不应低于M10； （2）当6度区的底层抗震墙采用小砌块砌体墙时，墙厚不应小于190 mm，砌筑砂浆强度不应低于Mb10。
157	3.6.3	实体施工质量	建设、施工、监理单位	严格按规定留置砂浆试块，做好标识	《预拌砂浆应用技术规程（JGJ/T223—2010）5.4.1-5.4.4	1. 对同品种、同强度等级的砌筑砂浆，湿拌砌筑砂浆应以50 m³为一个检验批，干混砌筑砂浆应以100 t为一个检验批；不足一个检验批的数量时，应按一个检验批计。 2. 每检验批应至少留置1组抗压强度试块。 3. 砌筑砂浆取样时，干混砌筑砂浆宜从搅拌机出料口、湿拌砌筑砂浆宜从运输车出料口或储存容器随机取样。砌筑砂浆抗压强度试块的制作、养护、试压等应符合现行行业标准《建筑砂浆基本性能试验方法标准》JGJ/T70的规定，龄期应为28 d。 4. 砌筑砂浆抗压强度应按验收批进行评定，其合格条件应符合下列规定： （1）同一验收批砌筑砂浆试块抗压强度平均值应大于或等于设计强度等级所对应的立方体抗压强度的1.10倍，且最小值应大于或等于设计强度等级所对应的立方体抗压强度的0.85倍。 （2）当同一验收批砌筑砂浆抗压强度试块少于3组时，每组试块抗压强度值应大于或等于设计强度等级所对应的立方体抗压强度的1.10倍。 检验方法：检查砂浆试块抗压强度检验报告单。
158	3.6.4	实体施工质量	建设、施工、监理单位	墙体转角处、交接处必须同时砌筑，临时间断处留槎符合规范要求	《砌体结构通用规范（GB55007—2021）5.1.3、5.1.11	1. 砌体砌筑时，墙体转角处和纵横交接处应同时咬槎砌筑；砖柱不得采用包心砌法；带壁柱墙的壁柱应与墙身同时咬槎砌筑；临时间断处应留槎砌筑；块材应内外搭砌、上下错缝砌筑。 2. 采用小砌块砌筑时，应将小砌块生产时的底面朝上反砌于墙上。施工洞口预留直槎时，应对直槎上下搭砌的小砌块孔洞采用混凝土灌实。
					《砌体结构工程施工质量验收规范（GB50203—2011）3.0.6、5.2.4	1. 砌体的转角处和交接处应同时砌筑。当不能同时砌筑时，应按规定留槎、接槎。 2. 非抗震设防及抗震设防烈度为6度、7度地区的临时间断处，当不能留斜槎时，除转角处外，可留直槎，但直槎必须做成凸槎，且应加设拉结钢筋，拉结钢筋应符合下列规定：

序号	编号	类别	实施对象	实施条款	实施依据	实施内容
						（1）每120 mm墙厚放置1Φ6拉结钢筋（120 mm厚墙应放置2Φ6拉结钢筋）； （2）间距沿墙高不应超过500 mm，且竖向间距偏差不应超过100 mm； （3）埋入长度从留槎处算起每边均不应小于500 mm，对抗震设防烈度6度、7度的地区，不应小于1000 mm； （4）末端应有90°弯钩。
159	3.6.5	实体施工质量	建设、施工、监理单位	灰缝厚度及砂浆饱满度符合规范要求	《砌体结构工程施工质量验收规范》（GB50203—2011）5.2.2、5.3.2、6.2.2、9.3.2、9.3.5	1. 砖砌体灰缝砂浆应密实饱满，砖墙水平灰缝的砂浆饱满度不得低于80%；砖柱水平灰缝和竖向灰缝饱满度不得低于90%。 2. 砖砌体的灰缝应横平竖直，厚薄均匀，水平灰缝厚度及竖向灰缝宽度宜为10 mm，但不应小于8 mm，也不应大于12 mm。 3. 混凝土小型空心砌块砌体水平灰缝和竖向灰缝的砂浆饱满度，按净面积计算不得低于90%。 4. 填充墙砌体砂浆：空心砖水平灰缝砂浆饱满度≥80%，垂直灰缝应填满砂浆不得有透明缝、瞎缝、假缝；蒸压加气混凝土砌块、轻骨料混凝土小型空心砖砌块水平及垂直灰缝砂浆饱满度应≥80%。 5. 填充墙：烧结空心砖、轻骨料混凝土小型空心砌块砌体的灰缝应为8～12 mm；蒸压加气混凝土砌块砌体当采用砌筑砂浆时，水平灰缝厚度和竖向灰缝宽度不应超过15 mm；采用蒸压加气混凝土砌块粘结砂浆时，水平灰缝厚度和竖向灰缝宽度宜为3～4 mm。
160	3.6.6	实体施工质量	建设、施工、监理单位	构造柱、圈梁符合设计和规范要求	《砌体结构设计规范》（GB50003—2011）6.3.4、6.5.2、7.1.5、7.1.6、10.2.4	1. 填充墙与框架的连接，可根据设计要求采用脱开或不脱开方法。有抗震设防要求时宜采用填充墙与框架脱开的方法。 （1）当填充墙与框架采用脱开的方法时，宜符合下列规定： 填充墙端部应设置构造柱，柱间距宜不大于20倍墙厚且不大于4000 mm，柱宽度不小于100 mm。柱竖向钢筋不宜小于Φ10，箍筋宜为ΦR5，竖向间距不宜大于400 mm。竖向钢筋与框架梁或其挑出部分的预埋件或预留钢筋连接，绑扎接头时不小于30d，焊接时（单面焊）不小于10 d（d为钢筋直径）。柱顶与框架梁（板）应预留不小于15 mm的缝隙，用硅酮胶或其他弹性密封材料封缝。当填充墙有宽度大于2100 mm的洞口时，洞口两侧应加设宽度不小于50 mm的单筋混凝土柱；墙体高度超过4 m时宜在墙高中部设置与柱连通的水平系梁。水平系梁的截面高度不小于60 mm。填充墙高不宜大于6 m；

序号	编号	类别	实施对象	实施条款	实施依据	实施内容
160	3.6.6	实体施工质量	建设、施工、监理单位	构造柱、圈梁符合设计和规范要求	《砌体结构设计规范》（GB50003—2011）6.3.4、6.5.2、7.1.5、7.1.6、10.2.4	（2）当填充墙与框架采用不脱开的方法时，宜符合下列规定：填充墙长度超过5 m或墙长大于2倍层高时，墙顶与梁宜有拉接措施，墙体中部应加设构造柱；墙高度超过4 m时宜在墙高中部设置与柱连接的水平系梁，墙高超6 m时，宜沿墙高每2 m设置与柱连接的水平系梁，梁的截面高度不小于60 mm。 2. 房屋顶层墙体，宜根据情况采取下列措施： （1）顶层屋面板下设置现浇钢筋混凝土圈梁，并沿内外墙拉通，房屋两端圈梁下的墙体内宜设置水平钢筋； （2）女儿墙应设置构造柱，构造柱间距不宜大于4 m，构造柱应伸至女儿墙顶并与现浇钢筋混凝土压顶整浇在一起。 3. 圈梁应符合下列构造要求： （1）圈梁宜连续地设在同一水平面上，并形成封闭状；当圈梁被门窗洞口截断时，应在洞口上部增设相同截面的附加圈梁。附加圈梁与圈梁的搭接长度不应小于其中到中垂直间距的2倍，且不得小于1 m； （2）纵、横墙交接处的圈梁应可靠连接。刚弹性和弹性方案房屋，圈梁应与屋架、大梁等构件可靠连接； （3）混凝土圈梁的宽度宜与墙厚相同，当墙厚不小于240 mm时，其宽度不宜小于墙厚的2/3。圈梁高度不应小于120 mm。纵向钢筋数量不应少于4根，直径不应小于10 mm，绑扎接头的搭接长度按受拉钢筋考虑，箍筋间距不应大于300 mm； （4）圈梁兼作过梁时，过梁部分的钢筋应按计算面积另行增配。 4. 采用现浇混凝土楼（屋）盖的多层砌体结构房屋，当层数超过5层时，除应在檐口标高处设置一道圈梁外，可隔层设置圈梁，并应与楼（屋）面板一起现浇。未设置圈梁的楼面板嵌入墙内的长度不应小于120 mm，并沿墙长配置不少于2根直径为10 mm的纵向钢筋 5. 各类砖砌体房屋的现浇钢筋混凝土构造柱（以下简称构造柱），其设置应符合现行国家标准《建筑抗震设计规范》GB50011的有关规定，并应符合下列规定： （1）构造柱设置部位应符合《砌体结构设计规范》表10.2.4的规定； （2）外廊式和单面走廊式的房屋，应根据房屋增加一层的层数，按《砌体结构设计规范》表10.2.4的要求设置构造柱，且单面走廊两侧的纵墙均应按外墙处理；

序号	编号	类别	实施对象	实施条款	实施依据	实施内容
					《砌体结构设计规范》（GB50003—2011）6.3.4、6.5.2、7.1.5、7.1.6、10.2.4	（3）横墙较少的房屋，应根据房屋增加一层的层数，按《砌体结构设计规范》表10.2.4的要求设置构造柱。当横墙较少的房屋为外廊式或单面走廊式时，应按本条2款要求设置构造柱；但6度不超过四层、7度不超过三层和8度不超过二层时应按增加二层的层数对待； （4）各层横墙很少的房屋，应按增加二层的层数设置构造柱； （5）采用蒸压灰砂普通砖和蒸压粉煤灰普通砖的砌体房屋，当砌体的抗剪强度仅达到普通黏土砖砌体的70%时（普通砂浆砌筑），应根据增加一层的层数按本条1～4款要求设置构造柱；但6度不超过四层、7度不超过三层和8度不超过二层时应按增加二层的层数对待； （6）有错层的多层房屋，在错层部位应设置墙，其与其他墙交接处应设置构造柱；在错层部位的错层楼板位置应设置现浇钢筋混凝土圈梁；当房屋层数不低于四层时，底部1/4楼层处错层部位墙中部的构造柱间距不宜大于2m。
160	3.6.6	实体施工质量	建设、施工、监理单位	构造柱、圈梁符合设计和规范要求	《砌体结构通用规范》（GB55007—2021）4.2.4、4.2.5、4.2.6、4.2.7、4.3.1、4.4.3	1. 对于多层砌体结构民用房屋，当层数为3层、4层时，应在底层和檐口标高处各设置一道圈梁。当层数超过4层时，除应在底层和檐口标高处各设置一道圈梁外，至少应在所有纵、横墙上隔层设置。多层砌体工业房屋，应每层设置圈梁。设置墙梁的多层砌体结构房屋，应在托梁、墙梁顶面和檐口标高处设置圈梁。 2. 厂房、仓库、食堂等空旷单层房屋应按下列规定设置圈梁： （1）砖砌体结构房屋，檐口标高为5～8m时，应在檐口标高处设置一道圈梁，檐口标高大于8m时，应增加设置数量； （2）砌块及料石砌体结构房屋，檐口标高为4～5m时，应在檐口标高处设置一道圈梁，檐口标高大于5m时，应增加设置数量； （3）对有吊车或较大振动设备的单层工业房屋，当未采取有效的隔振措施时，除应在檐口或窗顶标高处设置现浇混凝土圈梁外，尚应增加设置数量。 3. 多层与单层砌体结构圈梁宽度不应小于190mm，高度不应小于120mm，配筋不应少于4φ12，箍筋间距不应大于200mm。 4. 挑梁埋入砌体长度L1与挑出长度L之比应大于1.2；当挑梁埋入段上无砌体时，L1与L之比应大于2。 5. 底部框架-抗震墙砌体结构房屋底部抗震墙构造应符合下列规定：

序号	编号	类别	实施对象	实施条款	实施依据	实施内容
160	3.6.6	实体施工质量	建设、施工、监理单位	构造柱、圈梁符合设计和规范要求	《砌体结构通用规范》（GB55007—2021）4.2.4、4.2.5、4.2.6、4.2.7、4.3.1、4.4.3	（1）现浇混凝土抗震墙厚度不应小于160 mm，且不应小于层高的1/20。墙体周边应设置梁柱组成的边框； （2）当6度区的底层抗震墙采用普通砖砌体墙时，墙厚度不应小于240 mm，砌筑砂浆强度不应低于M10。应先砌墙后浇框架，沿框架柱高设置沿砖墙水平通长布置的拉结钢筋网片；在墙体半高处尚应设置与框架柱相连的混凝土水平系梁； （3）当6度区的底层抗震墙采用小砌块砌体墙时，墙厚度不应小于190 mm，砌筑砂浆强度不应低于Mbl0。应先砌墙后浇框架，沿框架柱高设置沿小砌块墙水平通长布置的拉结钢筋网片；在墙体半高处尚应设置与框架柱相连的混凝土水平系梁； （4）当采用砌体抗震墙时，洞口两侧应设置芯柱或混凝土构造柱；当墙长大于4m时，应在墙体中部设置芯柱或混凝土构造柱。 6.配筋砌块砌体抗震墙的配筋构造应符合下列规定： （1）应在楼板、屋面的所有纵横墙处设置现浇钢筋混凝土圈梁，圈梁的宽度和高度应等于墙厚和块高，圈梁主筋不应少于4φ10，圈梁的混凝土强度等级不应低于同层混凝土块体强度等级的2倍，或该层灌孔混凝土的强度等级，且不应低于C20。
161	3.7	防水工程				
162	3.7.1	实体施工质量	建设、施工、监理单位	严禁在防水混凝土拌合物中加水	《地下防水工程质量验收规范》（GB50208—2011）4.1.9	当防水混凝土拌合物在运输后出现离析，必须进行二次搅拌。当坍落度损失后不能满足施工要求时，应加入原水胶比的水泥砂浆或掺加同品种的减水剂进行搅拌，严禁直接加水。
163	3.7.2	实体施工质量	建设、施工、监理单位	防水混凝土的节点构造符合设计和规范要求	《地下防水工程质量验收规范》（GB50208—2011）4.1.16及条文解释	1.防水混凝土应连续浇筑，宜少留施工缝，以减少渗水隐患。墙体上的垂直施工缝宜与变形缝相结合。墙体最低水平施工缝应高出底板表面不小于300 mm，距墙孔洞边缘不应小于300 mm，并避免设在墙体承受剪力最大的部位； 2.变形缝应考虑工程结构的沉降、伸缩的可变性，并保证其在变化中的密闭性，不产生渗漏水现象。变形缝处混凝土结构的厚度不应小于300 mm，变形缝的宽度宜为20～30 mm。全埋式地下防水工程的变形缝应为环状；半地下防水工程的变形缝应为U字形，U字形变形缝的设计高度应超出室外地坪500 mm以上； 3.后浇带采用补偿收缩混凝土，遇水膨胀止水条或止水胶等防水措施，补偿收缩混凝土的抗压强度和抗渗等级均不得低于两侧混凝土，

序号	编号	类别	实施对象	实施条款	实施依据	实施内容
						4. 穿墙管道应在浇筑混凝土前预埋。当结构变形或管道伸缩量较小时，穿墙管可采用主管直接埋入混凝土内的固定式防水法；当结构变形或管道伸缩量较大或有更换要求时，应采用套管式防水法。穿墙管线较多时宜相对集中，采用封口钢板式防水法； 5. 埋设件端部或预留孔、槽底部的混凝土厚度不得小于250 mm；当厚度小于250 mm时，应采取局部加厚或加焊止水钢板的防水措施。
164	3.7.3	实体施工质量	建设、施工、监理单位	中埋式止水带埋设位置符合设计和规范要求	《地下防水工程质量验收规范（GB50208—2011）5.2.3–5.2.5	1. 中埋式止水带埋设位置应准确，其中间空心圆环与变形缝的中心线应重合； 2. 中埋式止水带的接缝应设在边墙较高位置上，不得设在结构转角处；接头宜采用热压焊接，接缝应平整、牢固，不得有裂口和脱胶现象； 3. 中埋式止水带在转弯处应做成圆弧形；顶板、底板内止水带应安装成盆状，并宜采用专用钢筋套或扁钢固定。
165	3.7.4	实体施工质量	建设、施工、监理单位	水泥砂浆防水层各层之间应结合牢固	《地下防水工程质量验收规范（GB50208—2011）4.2.5	1. 分层铺抹或喷涂，铺抹时应压实、抹平，最后一层表面应提浆压光； 2. 防水层各层应紧密粘合，每层宜连续施工；必须留设施工缝时，应采用阶梯坡形槎，但与阴阳角处的距离不得小于200 mm。接槎要依层次顺序操作，层层搭接紧密； 3. 水泥砂浆终凝后应及时进行养护，养护温度不宜低于5℃，并应保持砂浆表面湿润，养护时间不得少于14 d。
166	3.7.5	实体施工质量	建设、施工、监理单位	地下室卷材防水层的细部做法符合设计要求	《地下防水工程质量验收规范（GB50208—2011）4.3.5、4.3.16	1. 基层阴阳角应做成圆弧或45°坡角，其尺寸应根据卷材品种确定；在转角处、变形缝、施工缝、穿墙管等部位应铺贴卷材加强层，加强层宽度不应小于500 mm； 2. 卷材防水层在转角处、变形缝、施工缝、穿墙管等部位做法必须符合设计要求。
167	3.7.6	实体施工质量	建设、施工、监理单位	地下室涂料防水层的厚度和细部做法符合设计要求	《地下防水工程质量验收规范（GB50208—2011）4.4.4、4.4.8	1. 多组分涂料应按配合比准确计量，搅拌均匀，并应根据有效时间确定每次配制的用量； 2. 涂料应分层涂刷或喷涂，涂层应均匀，涂刷应待前遍涂层干燥成膜后进行。每遍涂刷时应交替改变涂层的涂刷方向，同层涂膜的先后搭压宽度宜为30～50 mm； 3. 涂料防水层的甩槎处接缝宽度不应小于100 mm，接缝前应甩槎表面处理干净； 4. 基层阴阳角处应做成圆弧；在转角处、变形缝、施工缝、穿墙管等部位应增加胎体增强材料和增涂防水涂料，宽度不应小于500 mm； 5. 胎体增强材料的搭接宽度不应小于100 mm。上下两层和相邻两幅胎体的接缝应错开1/3幅宽，且上下两层胎体不得相互垂直铺贴； 6. 涂料防水层的平均厚度应符合设计要求，最小厚度不得小于设计厚度的90%。

序号	编号	类别	实施对象	实施条款	实施依据	实施内容
168	3.7.7	实体施工质量	建设、施工、监理单位	地面防水隔离层的厚度符合设计要求	《建筑地面工程施工质量验收规范》（GB50209—2010）4.10.14及条文说明	1. 采用观察检查和用钢尺、卡尺检查； 2. 对于涂膜防水隔离层，其平均厚度应符合设计要求，最小厚度不得小于设计厚度的80%。可采取针刺法或割取 20 mm × 20 mm 的实样用卡尺测量。
169	3.7.8	实体施工质量	建设、施工、监理单位	地面防水隔离层的排水坡度、坡向符合设计要求	《建筑地面工程施工质量验收规范》（GB50209—2010）4.10.13	1. 防水隔离层严禁渗漏，排水的坡向正确、排水通畅； 2. 观察检查和蓄水、泼水检验、坡度尺检查及检查验收记录。
170	3.7.9	实体施工质量	建设、施工、监理单位	地面防水隔离层的细部做法符合设计和规范要求	《建筑地面工程施工质量验收规范》（GB50209—2010）4.10.5	1. 铺设隔离层时，在管道穿过楼板面四周，防水、防油渗材料应向上铺涂，并超过套管的上口； 2. 在靠近柱、墙处，应高出面层200～300 mm 或按设计要求的高度铺涂； 3. 阴阳角和管道穿过楼板面的根部应增加铺涂附加防水、防油渗隔离层。
171	3.7.10	实体施工质量	建设、施工、监理单位	有淋浴设施的墙面的防水高度符合设计要求	《住宅装饰装修工程施工规范》（GB50327—2001）6.3.3	浴室墙面的防水层不得低于 1800 mm。
172	3.7.11	实体施工质量	建设、施工、监理单位	屋面防水层的厚度符合设计要求	《屋面工程质量验收规范》（GB50207—2012）6.3.7	1. 屋面防水层的厚度应符合设计要求； 2. 涂膜防水层的平均厚度应符合设计要求，且最小厚度不得小于设计厚度的80%。采用针测法或取样量测。
173	3.7.12	实体施工质量	建设、施工、监理单位	屋面防水层的排水坡度、坡向符合设计要求	《屋面工程质量验收规范》（GB50207—2012）4.1.3	1. 屋面找坡应满足设计排水坡度要求，结构找坡不应小于3%，材料找坡宜为2%；檐沟、天沟纵向找坡不应小于1%，沟底水落差不得超过 200 mm； 2. 找平层的排水坡度、坡向应满足设计要求。
174	3.7.13	实体施工质量	建设、施工、监理单位	屋面细部的防水构造符合设计和规范要求	《屋面工程质量验收规范》（GB50207—2012）8.2.2-8.2.5、8.3.4、8.3.5、8.4.2-8.4.6、8.5.2-8.5.5、8.7.2-8.7.5	1. 檐口的排水坡度应符合设计要求；檐口部位不得有渗漏和积水现象； 2. 檐口 800 mm 范围内的卷材应满粘； 3. 卷材收头应在找平层的凹槽内用金属压条钉压固定，并应用密封材料封严； 4. 涂膜收头应用防水涂料多遍涂刷； 5. 檐沟防水层应由沟底翻上至外侧顶部，卷材收头应用金属压条钉压固定，并应用密封材料封严；涂膜收头应用防水涂料多遍涂刷； 6. 檐沟外侧顶部及侧面均应抹聚合物水泥砂浆，其下端应做成鹰嘴或滴水槽； 7. 女儿墙和山墙的压顶向内排水坡度不应小于5%，压顶内侧下端应做成鹰嘴或滴水槽； 8. 女儿墙和山墙的根部不得有渗漏和积水现象； 9. 女儿墙和山墙的泛水高度及附加层铺设应符合设计要求；

序号	编号	类别	实施对象	实施条款	实施依据	实施内容
174	3.7.13	实体施工质量	建设、施工、监理单位	屋面细部的防水构造符合设计和规范要求	《屋面工程质量验收规范》（GB50207—2012）8.2.2-8.2.5、8.3.4、8.3.5、8.4.2-8.4.6、8.5.2-8.5.5、8.7.2-8.7.5	10. 女儿墙和山墙的卷材应满粘，卷材收头应用金属压条钉压固定，并应用密封材料封严； 11. 女儿墙和山墙的涂膜应直接涂刷至压顶下，涂膜收头应用防水涂料多遍涂刷； 12. 水落口杯上口应设在沟底的最低处；水落口处不得有渗漏和积水现象； 13. 水落口的数量和位置应符合设计要求；水落口杯应安装牢固； 14. 水落口周围直径 500 mm 范围内坡度不应小于 5%，水落口周围的附加层铺设应符合设计要求； 15. 防水层及附加层伸入水落口杯内不应小于 50 mm，并应粘结牢固； 16. 伸出屋面管道根部不得有渗漏和积水现象； 17. 伸出屋面管道的泛水高度及附加层铺设，应符合设计要求； 18. 伸出屋面管道周围的找平层应抹出高度不小于 30 mm 的排水坡； 19. 卷材防水层收头应用金属箍固定，并应用密封材料封严；涂膜防水层收头应用防水涂料多遍涂刷。
175	3.7.14	实体施工质量	建设、施工、监理单位	外墙节点构造防水符合设计和规范要求	《建筑外墙防水工程技术规程》（JGJ/T235—2011）5.3.1-5.3.7	1. 门窗框与墙体间的缝隙宜采用聚合物水泥防水砂浆或发泡聚氨酯填充；外墙防水层应延伸至门窗框，防水层与门窗框间应预留凹槽，并应嵌填密封材料；门窗上楣的外口应做滴水线；外窗台应设置不小于 5% 的外排水坡度； 2. 雨篷应设置不应小于 1% 的外排水坡度，外口下沿应做滴水线；雨篷与外墙交接处的防水层应连续；雨篷防水层应沿外口下翻至滴水线； 3. 阳台应向水落口设置不小于 1% 的排水坡度，水落口周边应留槽嵌填密封材料。阳台外口下沿应做滴水线； 4. 变形缝部位应增设合成高分子防水卷材附加层，卷材两端应满粘于墙体，满粘的宽度不应小于 150 mm，并应钉压固定；卷材收头应用密封材料密封； 5. 穿过外墙的管道宜采用套管，套管应内高外低，坡度不应小于 5%，套管周边应作防水密封处理； 6. 女儿墙压顶宜采用现浇钢筋混凝土或金属压顶，压顶应向内找坡，坡度不应小于 2%。当采用混凝土压顶时，外墙防水层应延伸至压顶内侧的滴水线部位；当采用金属压顶时，外墙防水层应做到压顶的顶部，金属压顶应采用专用金属配件固定； 7. 外墙预埋件四周应用密封材料封闭严密，密封材料与防水层应连续。

序号	编号	类别	实施对象	实施条款	实施依据	实施内容
176	3.7.15	实体施工质量	建设、施工、监理单位	外窗与外墙的连接处做法符合设计和规范要求	《民用建筑设计统一标准》（GB50352—2019）6.11.4	门窗与墙体应连接牢固，不同材料的门窗与墙体连接处应采用相应的密封材料及构造做法。
					《建筑外墙防水工程技术规程》（JGJ/T235—2011）5.3.1	门窗框与墙体间的缝隙宜采用聚合物水泥防水砂浆或发泡聚氨酯填充；外墙防水层应延伸至门窗框，防水层与门窗框间应预留凹槽，并应嵌填密封材料；门窗上楣的外口应做滴水线；外窗台应设置不小于 5% 的外排水坡度。
177	3.8	装饰装修工程				
178	3.8.1	实体施工质量	建设、施工、监理单位	外墙外保温与墙体基层的粘结强度符合设计和规范要求	《建筑节能与可再生能源利用通用规范（55015—2021）6.2.4、6.2.5、6.2.6、6.2.7、6.2.9	1. 墙体保温板材与基层之间及各构造层之间的粘接或连接必须牢固；保温板材与基层的连接方式、拉伸粘接强度和粘接面积比应符合设计要求；保温板材与基层之间的拉伸粘接强度应进行现场拉拔试验，且不得在界面破坏；粘接面积比应进行剥离试验。 2. 当墙体采用保温砂浆料做外保温时，厚度大于 20 mm 的保温砂浆应分层施工；保温砂浆与基层之间及各层之间的粘结必须牢固，不应脱层、空鼓和开裂。 3. 当保温层采用锚固件固定时，锚固件数量、位置、锚固深度、胶结材料性能和锚固力应符合设计和施工方案的要求。 4. 保温装饰板的装饰面板应使用锚固件可靠固定，锚固力应做现场拉拔试验；保温装饰板板缝不得渗漏。 5. 外墙外保温系统经耐候性试验后，不得出现空鼓、剥落或脱落、开裂等破坏，不得产生裂缝出现渗水；外墙外保温系统拉伸粘结强度应符合《建筑节能与可再生能源利用通用规范（55015—2021）6.2.5 中表 6.2.5 的规定，并且破坏部位应位于保温层内。 6. 胶粘剂拉伸粘结强度应符合《建筑节能与可再生能源利用通用规范（55015—2021）6.2.6 中表 6.2.6 的规定，胶粘剂与保温板的粘结在原强度、浸水 48 h 后干燥 7 d 的耐水强度条件下发生破坏时，破坏部位应位于保温板内。 7. 抹面胶浆拉伸粘结强度应符合《建筑节能与可再生能源利用通用规范（55015—2021）6.2.7 中表 6.2.7 的规定，抹面胶浆与保温材料的粘结在原强度、浸水 48 h 后干燥 7 d 的耐水强度条件下发生破坏时，破坏部位应位于保温板内。

序号	编号	类别	实施对象	实施条款	实施依据	实施内容
						8. 外墙采用预置保温板现场浇筑混凝土墙体时，保温板的安装位置应正确、接缝严密；保温板应固定牢固，在浇筑混凝土过程中不应移位、变形；保温板表面应采取界面处理措施，与混凝土粘结应牢固。采用预制保温墙板现场安装的墙体,保温墙板的结构性能、热工性能必须合格，与主体结构连接必须牢固；保温墙板板缝不得渗漏。
179	3.8.2	实体施工质量	建设、施工、监理单位	抹灰层与基层之间及各抹灰层之间应粘结牢固	《建筑装饰装修工程质量验收标准》（GB50210—2018）4.2.2、4.2.3、4.2.4	1. 抹灰前基层表面的尘土、污垢和油渍等应清除干净，并应洒水润湿或进行界面处理。2. 抹灰工程应分层进行。当抹灰总厚度大于或等于35 mm时，应采取加强措施。不同材料基体交接处表面的抹灰，应采取防止开裂的加强措施，当采用加强网时，加强网与各基体的搭接宽度不应小于100 mm。3. 抹灰层与基层之间及各抹灰层之间应粘结牢固，抹灰层应无脱层和空鼓，面层应无爆灰和裂缝。
					《抹灰砂浆技术规程》（JGJ/T220—2010）6.1.2、6.2.4	外墙每层每次抹灰厚度宜为5～7 mm，当内墙墙面凹度较大时，应分层衬平，每层厚度不应大于7～9 mm。
					《建筑节能与可再生能源利用通用规范》（55015—2021）6.2.4	当墙体采用保温浆料做外保温时，厚度大于20 mm的保温浆料应分层施工；保温浆料与基层之间及各层之间的粘结必须牢固，不应脱层、空鼓和开裂。
					《住宅装饰装修工程施工规范》（GB50327—2001）7.1.5	水泥砂浆抹灰层应在抹灰24h后进行养护。抹灰层在凝结前，应防止快干、水冲、撞击和震动
180	3.8.3	实体施工质量	建设、施工、监理单位	外门窗安装牢固	《建筑装饰装修工程质量验收标准》（GB50210—2018）6.3.2、6.4.2	1. 金属门窗框和副框的安装应牢固，预埋件及锚固件的数量、位置、埋设方式、与框的连接方式应符合设计和规范要求。2. 塑料门窗固定片或膨胀螺栓的数量与位置应正确，连接方式应符合设计要求。固定点应距窗角、中横框、中竖框150～200 mm，固定点间距不应大于600 mm。
181	3.8.4	实体施工质量	建设、施工、监理单位	推拉门窗扇安装牢固，并安装防脱落装置	《建筑装饰装修工程质量验收标准》（GB50210—2018）6.1.12	推拉门窗扇必须牢固，必须安装防脱落装置。
182	3.8.5	实体施工质量	建设、施工、监理单位	幕墙的框架与主体结构连接、立柱与横梁的连接符合设计和规范要求	《建筑装饰装修工程质量验收标准》（GB50210—2018）11.1.7、11.1.12	1. 幕墙与主体结构连接的各种预埋件，其数量、规格、位置和防腐处理应符合设计要求。2. 幕墙及其连接件应具有足够的承载力、刚度和相对于主体结构的位移能力。当幕墙构架立柱的连接金属角码与其他连接件采用螺栓连接时，应有防松动措施。

序号	编号	类别	实施对象	实施条款	实施依据	实施内容
					《建筑节能与可再生能源利用通用规范（55015—2021）6.2.13	建筑幕墙与周边墙体、屋面间的接缝处应采用保温措施，并应采用耐候密封胶等密封。
					《玻璃幕墙工程技术规范（JGJ102—2003）6.3.11	玻璃幕墙横梁可通过角码、螺钉或螺栓与立柱之间连接。角码应能承受横梁的剪力，其厚度不应小于3 mm；角码与立柱之间的连接螺钉或螺栓应满足抗剪和抗扭承载力要求。
183	3.8.6	实体施工质量	建设、施工、监理单位	幕墙所采用的结构粘结材料符合设计和规范要求	《建筑装饰装修工程质量验收规范（GB50210—2018）11.1.2、11.1.3、11.1.8	1. 幕墙工程所用硅酮结构胶应有：抽查合格证明；国家批准的检测机构出具的硅酮结构胶相容性和剥离粘结性检验报告。 2. 幕墙用结构胶应对邵氏硬度、标准条件拉伸粘接强度、相容性、剥离粘接性进行复验。 3. 硅酮结构密封胶应在有效期内使用。
					《玻璃幕墙工程技术规范（JGJ102—2003）3.1.4、3.6.2、3.6.3	1. 硅酮结构密封胶生产商应提供其结构胶的变位承受能力数据和质量保证书。 2. 进口硅酮结构密封胶应具有商检报告。 3. 隐框和半隐框玻璃幕墙，其玻璃与铝型材的粘结必须采用中性硅酮结构密封胶；全玻幕墙和点支承幕墙采用镀膜玻璃时，不应采用酸性硅酮结构密封胶粘结。
184	3.8.7	实体施工质量	建设、施工、监理单位	应按设计和规范要求使用安全玻璃	《建筑玻璃应用技术规程（JGJ113—2015）7.1.1-7.1.5、8.2.2、9.1.2、10.1.1、11.1.1	1. 活动门玻璃、固定门玻璃和落地窗玻璃的选用应符合下列规定： （1）有框玻璃应使用符合《建筑玻璃应用技术规程》JGJ113表7.1.1-1规定的安全玻璃； （2）无框玻璃应使用公称厚度不小于12mm的钢化玻璃。 2. 室内隔断应使用安全玻璃，且最大使用面积应符合《建筑玻璃应用技术规程》JGJ113表7.1.1-1的规定。 3. 人群集中的公共场所和运动场所中装配的室内隔断玻璃应符合下列规定： （1）有框玻璃应使用符合《建筑玻璃应用技术规程》JGJ113表7.1.1-1的规定，且公称厚度不小于5 mm的钢化玻璃或公称厚度不小于6.38 mm的夹层玻璃； （2）无框玻璃应使用符合《建筑玻璃应用技术规程》JGJ113表7.1.1-1的规定，且公称厚度不小于10 mm的钢化玻璃。 4. 浴室用玻璃应符合下列规定： （1）浴室内有框玻璃应使用符合《建筑玻璃应用技术规程》JGJ113表7.1.1-1的规定，且公称厚度不小于8 mm的钢化玻璃； （2）浴室内无框玻璃应使用符合《建筑玻璃应用技术规程》JGJ113表7.1.1-1的规定，且公称厚度不小于12 mm的钢化玻璃。

序号	编号	类别	实施对象	实施条款	实施依据	实施内容
184	3.8.7	实体施工质量	建设、施工、监理单位	应按设计和规范要求使用安全玻璃	《建筑玻璃应用技术规程》（JGJ113—2015）7.1.1-7.1.5、8.2.2、9.1.2、10.1.1、11.1.1	5. 室内栏板用玻璃应符合下列规定： （1）设有立柱和扶手，栏板玻璃作为镶嵌面板安装在护栏系统中，栏板玻璃应使用符合《建筑玻璃应用技术规程》JGJ113 表 7.1.1-1 规定的夹层玻璃； （2）栏板玻璃固定在结构上且直接承受人体荷载的护栏系统，其栏板玻璃应符合下列规定： 1）当栏板玻璃最低点离一侧楼地面高度不大于 5 m 时，应使用公称厚度不小于 16.76 mm 钢化夹层玻璃。 2）当栏板玻璃最低点离一侧楼地面高度大于 5 m 时，不得采用此类护栏系统。 6. 屋面玻璃或雨篷玻璃必须使用夹层玻璃或夹层中空玻璃，其胶片厚度不应小于 0.76 mm。 7. 地板玻璃必须采用夹层玻璃，点支承地板玻璃必须采用钢化夹层玻璃。钢化玻璃必须进行均质处理。 8. 水下用玻璃应选用夹层玻璃。 9. 用于建筑外围护结构的 U 型玻璃，其外观质量应符合现行行业标准《建筑用 U 型玻璃》JC/T867 优等品的规定，且应进行钢化处理。
					《建筑安全玻璃管理规定》发改运行〔2003〕2116号第六条	建筑物需要以玻璃作为建筑材料的下列部位必须使用安全玻璃： （1）7 层及 7 层以上建筑物外开窗； （2）面积大于 1.5 m² 的窗玻璃或玻璃底边离最终装修面小于 500 mm 的落地窗； （3）幕墙（全玻幕除外）； （4）倾斜装配窗、各类天棚（含天窗、采光顶）、吊顶； （5）观光电梯及其外围护； （6）室内隔断、浴室围护和屏风； （7）楼梯、阳台、平台走廊的栏板和中庭内栏板； （8）用于承受行人行走的地面板； （9）水族馆和游泳池的观察窗、观察孔； （10）公共建筑物的出入口、门厅等部位； （11）易遭受撞击、冲击而造成人体伤害的其他部位。
185	3.8.8	实体施工质量	施工单位	重型灯具等重型设备严禁安装在吊顶工程的龙骨上	《建筑装饰装修工程质量验收标准》（GB50210—2018）7.1.12 及条文说明	禁止将 3 kg 以上的灯具、投影仪等重型设备和电扇、音箱等有震动荷载的设备安装在吊顶工程的龙骨上。

序号	编号	类别	实施对象	实施条款	实施依据	实施内容
186	3.8.9	实体施工质量	建设、施工、监理单位	饰面砖粘贴牢固	《建筑装饰装修工程质量验收标准》（GB50210—2018）10.1.3、10.1.7、10.2.4、10.3.4、10.3.5	1. 饰面砖工程应对下列材料及其性能指标进行复验：（1）室内花岗岩和瓷质饰面砖的放射性；（2）水泥基粘接材料与所用外墙饰面砖的拉伸粘结强度；（3）外墙陶瓷饰面砖的吸水率；（4）严寒及寒冷地区外墙陶瓷饰面砖的抗冻性。 2. 满粘法施工的内墙饰面砖应无裂缝，大面和阳角应无空鼓。 3. 外墙饰面砖施工前，应在待施工基层做样板，并对样板的饰面砖粘接强度进行检验。 4. 外墙饰面砖粘贴应牢固，外墙饰面砖应无空鼓、裂缝。
					《外墙饰面砖工程施工及验收规程》（JGJ126—2015）5.3.2、6.0.2	1. 基层上的粉尘和污染应清理干净，饰面砖粘贴前背面不得有粉状物，在找平层上宜刷结合层。 2. 外墙饰面砖工程的饰面砖粘接强度检验应按现行行业标准《建筑工程饰面砖粘接强度检验标准》JGJ110的规定执行：（1）现场粘贴外墙饰面砖施工前应对饰面砖的粘接强度进行检验；（2）每种类型的基体上应粘贴不小于1 ㎡饰面砖样板，每个样板应各制取一组3个饰面砖粘接强度试样，取样间距不小于500 mm；（3）大面积施工应采用饰面砖样板粘接强度合格的饰面砖、粘接材料和施工工艺。
					《建筑工程冬期施工规程》（JGJT104—2011）8.1.2、8.1.8	1. 冬期粘贴面砖所用的砂浆应采取保温、防冻措施。 2. 外墙饰面砖采用湿贴法作业时，不宜进行冬期施工。
187	3.8.10	实体施工质量	建设、施工、监理单位	饰面板安装符合设计和规范要求	《建筑装饰装修工程质量验收标准》（GB50210—2018）9.2.3、9.2.4	1. 饰面板安装工程的龙骨、连接件的材质、数量、规格、位置、连接方法和防腐处理应符合设计和规范要求。饰面板安装应牢固。 2. 石板、陶瓷板安装工程的预埋件（或后置埋件）应符合设计要求。后置埋件的现场拉拔力应符合设计要求。 3. 采用满粘法施工的石板工程，石板与基层之间的粘结料应饱满、无空鼓，石板粘结应牢固。
188	3.8.11	实体施工质量	建设、施工、监理单位	护栏安装符合设计和规范要求	《建筑装饰装修工程质量验收标准》（GB50210—2018）14.5.1~14.5.5	1. 护栏和扶手安装预埋件的数量、规格、位置以及护栏与预埋件的连接节点应符合设计要求。 2. 护栏和扶手制作与安装所使用材料的材质、规格、数量和木材、塑料的燃烧性能等级应符合设计和规范要求。 3. 护栏高度、栏杆间距、护栏和扶手的造型、尺寸及安装位置应符合设计要求。

序号	编号	类别	实施对象	实施条款	实施依据	实施内容
						4. 当栏板玻璃最低点离一侧楼地面高度大于5 m时，不得采用栏板玻璃直接承受人体荷载的护栏系统。 5. 安装防护栏杆时，应充分考虑建筑地面（或屋面）初装饰及二次装修对其实际使用高度的影响，确保防护栏杆有效使用高度满足设计要求。
					《民用建筑设计统一标准》（GB50352—2019）6.7.3、6.7.4、6.8.8	1. 阳台、外廊、室内回廊、内天井、上人屋面及室外楼梯等临空处应设置防护栏杆，并应符合下列规定： （1）栏杆应以坚固、耐久的材料制作，并应能承受现行国家标准《建筑结构荷载规范》GB50009及其他国家现行相关标准规定的水平荷载； （2）当临空高度在24.0 m以下时，栏杆高度不应低于1.05 m；当临空高度在24.0 m及以上时，栏杆高度不应低于1.1 m。上人屋面和交通、商业、旅馆、医院、学校等建筑临开敞中庭的栏杆高度不应小于1.2 m； （3）栏杆高度应从所在楼地面或屋面至栏杆扶手顶面垂直高度计算，当底面有宽度大于或等于0.22 m，且高度低于或等于0.45 m的可踏部位时，应从可踏部位顶面起算； （4）公共场所栏杆离地面0.1 m高度范围内不宜留空。 2. 住宅、托儿所、幼儿园、中小学及其他少年儿童专用活动场所的栏杆必须采取防止攀爬的构造。当采用垂直杆件做栏杆时，其杆件净间距不应大于0.11 m。 3. 室内楼梯扶手高度自踏步前缘线量起不宜小于0.9 m。楼梯水平栏杆或栏板长度大于0.5 m时，其高度不应小于1.05 m。
189	3.9	给排水与采暖工程				
190	3.9.1	实体施工质量	建设、施工、监理单位	管道安装符合设计和规范要求	《建筑给水排水及采暖工程施工质量验收规范》（GB50242—2002）3.2.2、3.3.7、3.3.15、4.2.1、4.2.2、4.2.10、5.2.5、8.2.7、8.2.9 《建筑给水排水与节水通用规范》（GB55020—2021）8.1.3、8.2.2、8.3.3	1. 所有材料进场时应对其品种、规格、外观等进行验收。生活饮用水系统的涉水产品应满足卫生安全的要求。 2. 支架的选型及管卡符合规范要求，管道支、吊、托架的安装，应符合下列规定： （1）位置正确，埋设应平整牢固； （2）固定支架与管道接触应紧密，固定牢靠； （3）滑动支架应灵活，滑托与滑槽两侧间应留有3～5 mm的间隙，纵向移动量应符合设计要求； （4）无热伸长管道的吊架、吊杆应垂直安装； （5）有热伸长管道的吊架、吊杆应向热膨胀的反方向偏移； （6）固定在建筑结构上的管道支、吊架不得影响结构的安全。

序号	编号	类别	实施对象	实施条款	实施依据	实施内容
190	3.9.1	实体施工质量	建设、施工、监理单位	管道安装符合设计和规范要求	《建筑给水排水及采暖工程施工质量验收规范》（GB50242—2002）3.2.2、3.3.7、3.3.15、4.2.1、4.2.2、4.2.10、5.2.5、8.2.7、8.2.9《建筑给水排水与节水通用规范》（GB55020—2021）8.1.3、8.2.2、8.3.3	3. 管道的接口应符合下列规定： （1）管道采用粘接接口，管端插入承口的深度不得小于《建筑给水排水及采暖工程施工质量验收规范》GB50242 表 3.3.15 的规定； （2）采用橡胶圈接口的管道，允许沿曲线敷设，每个接口的最大偏转角不得超过 2°； （3）法兰连接时衬垫不得凸入管内，其外边缘接近螺栓孔为宜。不得安放双垫或偏垫。法兰连接的螺栓，直径和长度应符合标准，拧紧后，突出螺母的长度不应大于螺杆直径的 1/2； （4）螺纹连接管道安装后管螺纹根部应有 2～3 扣的外露螺纹，多余的麻丝应清理干净并做防腐处理； （5）卡箍（套）式连接两管口端应平整、无缝隙，沟槽应均匀，卡紧螺栓后管道应平直，卡箍（套）安装方向应一致。 4. 室内给水管道必须进行水压试验，试验压力必须符合设计要求。当设计未注明时，各种材质的给水管道系统试验压力均为工作压力的 1.5 倍，但不得小于 0.6 MPa。 5. 给水系统交付使用前必须进行通水试验并做好记录。 6. 污水管道及湿陷土、膨胀土、流砂地区等的雨水管道，必须经严密性试验合格后方可投入运行。 7. 重力排水管道的敷设坡度必须符合设计要求，严禁无坡或倒坡。 8. 排水主立管及水平干管管道均应做通球试验，通球球径不小于排水管道管径的 2/3，通球率必须达到 100%。 9. 水表安装： （1）水表应安装在便于检修、不受曝晒、污染和冻结的地方。安装螺翼式水表，表前与阀门应有不小于 8 倍水表接口直径的直线管段；表外壳距墙表面净距为 10～30 mm；水表进水口中心标高按设计要求，允许偏差为 ±10 mm； （2）卧式水表前后设角钢支承；立式水表上下设管卡；分户水表安装以设计选用图集为准，如设计无指定，可参照《建筑给水塑料管道安装通用详图》11S405-4 相关要求执行。 10. 热表安装： （1）热量表、疏水器、除污器、过滤器及阀门的型号、规格、公称压力及安装位置应符合设计要求； （2）采暖系统入口装置及分户热计量系统入户装置，应符合设计要求，安装位置应便于检修、维护和观察；

序号	编号	类别	实施对象	实施条款	实施依据	实施内容
190	3.9.1	实体施工质量	建设、施工、监理单位	管道安装符合设计和规范要求		（3）户用热量表一般水平安装，如因空间限制，需要立式安装时，必须选用可立式安装热量表；热量表应根据公称流量选择，公称流量可按照设计流量取值；户用热量表安装以设计选用图集为准，如设计无指定，可参照《供热计量系统设计与安装》15K502中P48要求。
					《建筑给水排水及采暖工程施工质量验收规范》（GB50242—2002）5.2.14	由室内通向室外排水检查井的排水管，井内引入管应高于排出管或两管顶相平，并有不小于90°的水流转角，如跌落差大于300 mm可不受角度限制。
					《建筑给水塑料管道工程技术规程（CJJ/T98—2014）3.1.1、3.1.2、3.1.4	1. 建筑给水塑料管道系统所采用的管材、管件和各种辅助材料等，应由管材生产企业配套供应。 2. 管材的颜色应均匀一致，与管材配套的管件颜色宜与管材一致。 3. 管件应由管材生产单位配套供应。
					《辐射供暖供冷技术规程》（JGJ142—2012）5.4.3、5.4.5、5.4.6、5.4.7、5.4.8	1. 加热供冷管应按设计图纸标定的管间距和走向敷设，加热供冷管应保持平直，管间距的安装误差不应大于10 mm。加热供冷管敷设前，应对照施工图纸核定加热供冷管的选型、管径、壁厚，并应检查加热供冷管外观质量，管内部不得有杂质。加热供冷管安装完毕时，敞口处应随时封堵。 2. 加热供冷管弯曲敷设时应符合《辐射供暖供冷技术规程》JGJ142第5.4.3条规定。 3. 埋设于填充层内的加热供冷管及输配管不应有接头。在铺设过程中管材出现损坏、渗漏等现象时，应当整根更换，不应拼接使用。施工验收后，发现加热供冷管或输配管损坏，需要增设接头时，应符合《辐射供暖供冷技术规程》JGJ142第5.4.6条规定。 4. 加热供冷管应设固定装置。加热供冷管弯头两端宜设固定卡；加热供冷管直管段固定点间距宜为500～700 mm，弯曲管段固定点间距宜为200～300 mm。 5. 加热供冷管或输配管穿墙时应设硬质套管。
					《建筑节能工程施工质量验收规范》（GB50411—2019）9.2.6、9.2.9	1. 散热器恒温阀及其安装应符合下列规定： （1）恒温阀的规格、数量应符合设计要求； （2）明装散热器恒温阀不应安装在狭小和封闭空间，其恒温阀阀头应水平安装，且不应被散热器、窗帘或其他障碍物遮挡； （3）暗装散热器的恒温阀应采用外置式温度传感器，并应安装在空气流通且能正确反映房间温度的位置上。 2. 供暖管道保温层和防潮层的施工应符合下列规定：

序号	编号	类别	实施对象	实施条款	实施依据	实施内容
190	3.9.1	实体施工质量	建设、施工、监理单位	管道安装符合设计和规范要求	《建筑节能工程施工质量验收规范》（GB50411—2019）9.2.6、9.2.9	（1）保温材料的燃烧性能、材质及厚度等应符合设计要求； （2）保温管壳的捆扎、粘贴应牢固，铺设应平整；硬质或半硬质的保温管壳每节至少应采用防腐金属丝、耐腐蚀织带或专用胶带捆扎2道，其间距为300～350 mm，且捆扎应紧密，无滑动、松弛及断裂现象； （3）硬质或半硬质保温管壳的拼接缝隙不应大于5 mm，并应用粘结材料勾缝填满；纵缝应错开，外层的水平接缝应设在侧下方； （4）松散或软质保温材料应按规定的密度压缩其体积，疏密应均匀，搭接处不应有空隙； （5）防潮层应紧密粘贴在保温层上，封闭良好，不得有虚粘、气泡、褶皱、裂缝等缺陷；防潮层外表面搭接应顺水； （6）立管的防潮层应由管道的低端向高端敷设，环向搭接缝应朝向低端；纵向搭接缝应位于管道的侧面，并顺水； （7）卷材防潮层采用螺旋形缠绕的方式施工时，卷材的搭接宽度宜为30～50 mm； （8）阀门及法兰部位的保温应严密，且能单独拆卸并不得影响其操作功能。
					《自动喷水灭火系统施工及验收规范》（GB50261—2017）5.1.11、5.1.15	1. 配水干管（立管）与配水管（水平管）连接，应采用沟槽式管件，不应采用机械三通。 2. 管道支架、吊架、防晃支架的安装应符合下列要求： （1）管道的安装位置应符合设计要求。当设计无要求时，管道的中心线与梁、柱、楼板等的最小距离应符合表5.1.14的规定。公称直径大于或等于100 mm的管道其距离顶板、墙面的安装距离不宜小于200 mm。 （2）沟槽连接管道最大支承间距应满足表5.1.15-5规定；横管的任何两个接头之间应有支承，不得支承在接头上。 （3）管道支架、吊架、防晃支架的型式、材质、加工尺寸及焊接质量等，应符合设计要求和国家现行有关标准的规定。 （4）管道支架、吊架的安装位置不应妨碍喷头的喷水效果；管道支架、吊架与喷头之间的距离不宜小于300 mm；与末端喷头之间的距离不宜大于750 mm。 （5）配水支管上每一直管段、相邻两喷头之间的管段设置的吊架均不宜少于1个，吊架的间距不宜大于3.6 m。 （6）当管道的公称直径等于或大于50 mm时，每段配水干管或配水管设置防晃支架不应少于1个，且防晃支架的间距不宜大于15 m；当管道改变方向时，应增设防晃支架。

序号	编号	类别	实施对象	实施条款	实施依据	实施内容
					《建筑机电工程抗震技术规程（DB37/T5132—2019）4.1.4-3、5.1.4-4	1. 室内给水、热水以及消防管道管径大于或等于DN65的水平管道，应设置抗震支撑。 2. 锅炉房、制冷机房、热交换站内的管道应有可靠的侧向和纵向抗震支撑。多根管道共用支吊架或管径大于等于300mm的单根管道支吊架，宜采用门型抗震支吊架。
191	3.9.2	实体施工质量	建设、施工、监理单位	地漏水封深度符合设计和规范要求	《建筑给水排水与节水通用规范（GB55020—2021）4.2.2、4.2.3	1. 水封装置的水封深度不得小于50mm，卫生器具排水管段上不得重复设置水封。 2. 严禁采用钟罩式结构地漏及采用活动机械活瓣替代水封。
192	3.9.3	实体施工质量	建设、施工、监理单位	PVC管道的阻火圈、伸缩节等附件安装符合设计和规范要求	《建筑给水排水及采暖工程施工质量验收规范（GB50242—2002）5.2.4	1. 排水塑料管必须按设计要求及位置装设伸缩节。如设计无要求时，伸缩节间距不得大于4m。 2. 高层建筑中明设排水塑料管道应按设计要求设置阻火圈或防火套管。
					《建筑排水塑料管道工程技术规程（CJJ/T29—2010）4.1.3、4.1.4、4.1.11	1. 敷设在高层建筑室内的塑料排水管道，当管径大于等于110mm时，应在下列位置设置阻火圈： （1）明敷立管穿越楼层的贯穿部位； （2）横管穿越防火分区的隔墙和防火墙的两侧； （3）横管穿越管道井井壁或管窿围护墙体的贯穿部位外侧。 2. 阻火圈应符合现行行业标准《硬聚氯乙烯建筑排水管道阻火圈》GA304的规定。 3. 建筑排水塑料管道应根据管道的纵向变形伸缩量设置伸缩节，伸缩节宜设置在管道的汇合管件处。排水横管应采用专用的承压式伸缩节。
193	3.9.4	实体施工质量	建设、施工、监理单位	管道穿越楼板、墙体时的处理符合设计和规范要求	《建筑给水排水与节水通用规范（GB55020—2021）8.1.8 《建筑给水排水及采暖工程施工质量验收规范（GB50242—2002）3.3.13	1. 地下室或地下构筑物外墙有管道穿过时，应采取防水措施。对有严格防水要求的建筑物，应采用柔性防水套管。 2. 管道穿过墙壁和楼板，应设置金属或塑料套管。 3. 安装在楼板内的套管，其顶部应高出装饰地面20mm；安装在卫生间及厨房内的套管，其顶部应高出装饰地面50mm，底部应与楼板底面相平；安装在墙壁内的套管其两端与饰面相平。 4. 穿过楼板的套管与管道之间缝隙应用阻燃密实材料和防水油膏填实，端面光滑。穿墙套管与管道之间缝隙宜用阻燃密实材料填实，且端面应光滑。 5. 管道的接口不得设在套管内。

序号	编号	类别	实施对象	实施条款	实施依据	实施内容
					《建筑防火封堵应用技术标准》GB/T51410—2020 3.0.1、5.2.6、6.1.1、6.3.3	1. 防火封堵组件的防火、防烟和隔热性能不应低于封堵部位建筑构件或结构的防火、防烟和隔热性能要求，在正常使用和火灾条件下，应能防止发生脱落、移位、变形和开裂。 2. 管道井、管沟、管廊防火分隔处的封堵应采用矿物棉等背衬材料填塞并覆盖有机防火封堵材料；或采用防火封堵板材封堵，并在管道与防火封堵板材之间的缝隙填塞有机防火封堵材料。 3. 建筑防火封堵施工应按照设计文件、相应产品的技术说明和操作规程以及防火封堵组件的构造要求进行。 4. 贯穿孔口防火封堵的材料选用、构造做法等应符合设计和施工要求。
194	3.9.5	实体施工质量	建设、施工、监理单位	室内、外消火栓安装符合设计和规范要求	《建筑给水排水及采暖工程施工质量验收规范》（GB50242—2002）4.3.1、4.3.2、4.3.3、9.3.3、9.3.4、9.3.5 《消防给水及消火栓系统技术规范》（GB50974—2014）12.3.10	1. 室内消火栓系统安装完成后应取屋顶层（或水箱间内）试验消火栓和首层取二处消火栓做试射试验，达到设计要求为合格。试验用消火栓栓口处应设置压力表。 2. 安装消火栓水龙带，水龙带与水枪和快速接头绑扎好后，应根据箱内构造将水龙带挂放在箱内的挂钉、托盘或支架上。 3. 箱式消火栓的安装应符合下列规定： （1）栓口应朝外，并不应安装在门轴侧； （2）栓口中心距地面为1.1 m，允许偏差±20 mm； （3）阀门中心距箱侧面为140 mm，距箱后内表面为100 mm，允许偏差±5 mm； （4）消火栓箱体安装的垂直度允许偏差为3 mm； （5）消火栓箱门的开启不应小于120°； （6）暗装的消火栓箱不应破坏隔墙的耐火性能。 4. 室外消火栓的位置标志应明显，栓口的位置应方便操作。室外消火栓当采用墙壁式时，如设计未要求，出水栓口的中心安装高度距地面应为1.10 m，其上方应设有防坠落物打击的措施。 5. 室外消火栓的各项安装尺寸应符合设计要求，栓口安装高度允许偏差为±20 mm。 6. 地下式消防水泵接合器顶部进水口或地下式消火栓顶部出水口与消防井盖底面的距离不得大于400 mm，井内应有足够的操作空间，并设爬梯。寒冷地区井内应做防冻保护。
					《消防给水及消火栓系统技术规范》（GB50974—2014）12.2.1-1、12.2.1-2、12.2.3	1. 消火栓系统施工前应对采用的主要设备、系统组件、管材管件及其他设备、材料进场进行检查，应符合国家现行相关产品标准的规定，并应具有出厂合格证或质量认证书；消火栓、消防水带、消防水枪、消防软管卷盘或轻便水龙等系统主要设备和组件，应经国家消防产品质量监督检验中心检测合格。

序号	编号	类别	实施对象	实施条款	实施依据	实施内容
						2. 消火栓的现场检验应符合《消防给水及消火栓系统技术规范（GB50974—2014）12.2.3条规定。
					《建筑内部装修设计防火规范（GB50222—2017）4.0.2	建筑内部消火栓箱门不应被装饰物遮掩，消火栓箱门四周的装修材料颜色应与消火栓箱门的颜色有明显区别或在消火栓箱门表面设置发光标志。
195	3.9.6	实体施工质量	建设、施工、监理单位	水泵安装牢固，平整度、垂直度等符合设计和规范要求	《建筑给水排水及采暖工程施工质量验收规范（GB50242—2002）4.4.1、4.4.2、4.4.6、4.4.7	1. 水泵就位前的基础混凝土强度、坐标、标高、尺寸和螺栓孔位置必须符合设计要求。 2. 立式水泵的减振装置不应采用弹簧减振器。 3. 离心式水泵安装的允许偏差应符合下列要求： （1）立式泵体垂直度允许偏差：0.1 mm/m； （2）卧式泵体水平度允许偏差：0.1 mm/m； （3）联轴器同心度轴向倾斜允许偏差：0.8 mm/m； （4）联轴器同心度径向位移允许偏差：0.1 mm； 4. 水泵运转的轴承温升必须符合设备说明书的规定。
					《消防给水及消火栓系统技术规范（GB50974—2014）13.2.6、13.2.7	1. 消防水泵验收应符合下列要求： （1）消防水泵应运转平稳，应无不良噪声的震动； （2）工作泵、备用泵、吸水管、出水管及出水管上的泄压阀、水锤消除设施、止回阀、信号阀等的规格、型号、数量，应符合设计要求；吸水管、出水管上的控制阀应锁定在常开位置，并应有明显标记； 2. 稳压泵验收应符合下列要求： （1）稳压泵的型号性能等应符合设计要求； （2）稳压泵的控制应符合设计要求，并应有防止稳压泵频繁启动的技术措施； （3）稳压泵在 1 h 内的启停次数应符合设计要求，并不宜大于 15 次 / 小时； （4）稳压泵供电应正常，自动手动启停应正常；关掉主电源，主、备电源应能正常切换； （5）气压水罐的有效容积以及调节容积应符合设计要求，并应满足稳压泵的启停要求。
196	3.9.7	实体施工质量	建设、施工、监理单位	仪表安装符合设计和规范要求	《建筑给水排水及采暖工程施工质量验收规范（GB50242—2002）6.2.5、8.2.7、13.4.2	1. 供热锅炉系统压力表的刻度极限值，应大于或等于工作压力的 1.5 倍，表盘直径不得小于 100 mm。 2. 热量表、疏水器、除污器、过滤器及阀门的型号、规格、公称压力及安装位置应符合设计要求。 3. 阀门应安装在便于观察和维护的位置。

序号	编号	类别	实施对象	实施条款	实施依据	实施内容
					《自动化仪表工程施工及质量验收规范》（GB50093—2013）6.1.11、12.1.1	1. 仪表在安装和使用前应进行检查、校准和试验。 2. 仪表铭牌和仪表位号标识应齐全、牢固、清晰。
197	3.9.8	实体施工质量	建设、施工、监理单位	生活水箱安装符合设计和规范要求	《建筑给水排水及采暖工程施工质量验收规范》（GB50242—2002）4.4.4、4.4.5、6.3.5 《建筑给水排水与节水通用规范》（GB55020—2021）8.3.7	1. 水箱支架或底座安装，其尺寸及位置应符合设计规定，埋设平整牢固。 2. 敞口水箱的满水试验需静置24 h观察，不渗不漏；密闭水箱（罐）的水压试验在试验压力下10 min压力不降，不渗不漏。 3. 水箱溢流管和泄放管应设置在排水地点附近但不得与排水管直接连接。 4. 水箱在交付使用前必须冲洗和消毒。
198	3.9.9	实体施工质量	建设、施工、监理单位	气压给水或稳压系统应设置安全阀	《建筑给水排水设计标准》（GB50015—2019）3.5.13	安全阀阀前、阀后不得设置阀门，泄压口应连接管道将泄压水（气）引至安全地点排放。
199	3.10	通风与空调工程				
200	3.10.1	实体施工质量	建设、施工、监理单位	风管加工的强度和严密性符合设计和规范要求	《通风与空调工程施工质量验收规范》（GB50243—2016）4.1.2、4.1.6、4.2.1、4.3.1	1. 风管制作所用的板材、型材以及其他主要材料进场时应进行验收，质量应符合设计要求及国家现行标准的有关规定，并应提供出厂检验合格证明。工程中所选用的成品风管，应提供产品合格证书或进行强度和严密性的现场复验。 2. 金属风管法兰的焊缝应熔合良好、饱满，无假焊和孔洞；铆接连接时，铆接应牢固，不应有脱铆和漏铆现象；翻边应平整、紧贴法兰，宽度应一致，且不应小于6 mm；法兰外径或外边长及平面度的允许偏差不应大于2 mm；同批量加工的相同规格法兰的螺孔排列应一致，并具有互换性；镀锌钢板风管表面不得有10%以上的白花、锌层粉化等镀锌层严重损坏的现象。 3. 风管加工质量应通过工艺性的检测或验证，强度和严密性要求应符合现行国家标准《通风与空调工程施工质量验收规范》GB50243中的相关规定。 4. 风管的密封应以板材连接的密封为主，也可采用密封胶嵌缝与其他方法。密封胶的性能应符合使用环境的要求，密封面宜设在风管的正压侧。

序号	编号	类别	实施对象	实施条款	实施依据	实施内容
201	3.10.2	实体施工质量	建设、施工、监理单位	防火风管和排烟风管使用的材料应为不燃材料	《通风与空调工程施工质量验收规范》（GB50243—2016）4.2.2、4.2.5、5.2.7	1. 防火风管的本体、框架与固定材料、密封垫料等必须采用不燃材料，防火风管的耐火极限时间应符合系统防火设计的规定。 2. 复合材料风管的覆面材料必须采用不燃材料，内层的绝热材料应采用不燃或难燃且对人体无害的材料。 3. 防排烟系统的柔性短管必须采用不燃材料。
					《建筑防烟排烟系统技术标准（GB51251—2017）3.3.7、4.4.7	1. 机械加压送风系统应采用管道送风，且不应采用土建风道。送风管道应采用不燃材料制作且内壁应光滑。送风管道的厚度应符合现行国家标准《通风与空调工程施工质量验收规范》GB 50243 的规定。 2. 机械排烟系统应采用管道排烟，且不应采用土建风道。排烟管道应采用不燃材料制作且内壁应光滑。排烟管道的厚度应按现行国家标准《通风与空调工程施工质量验收规范》GB50243 的有关规定执行。
202	增15	实体施工质量	建设、施工、监理单位	建筑通风和排烟系统用防火阀门重要活动零部件应为耐腐蚀不燃材料	《建筑通风和排烟系统用防火阀门》（GB15930—2007）5.1.3	轴承、轴套，执行机构中的棘（凸）轮等重要活动零部件，采用黄铜、青铜、不锈钢等耐腐蚀材料制作。
203	3.10.3	实体施工质量	建设、施工、监理单位	散热器、风机盘管和管道的绝热材料进场时，应见证取样复验合格	《建筑节能与可再生能源利用通用规范》（GB55015—2021）6.3.1	供暖通风空调系统节能工程采用的材料、构件和设备施工进场复验应包括下列内容： 1. 散热器的单位散热量、金属热强度； 2. 风机盘管机组的供冷量、供热量、风量、水阻力、功率及噪声； 3. 绝热材料的导热系数或热阻、密度、吸水率。
204	3.10.4	实体施工质量	建设、施工、监理单位	风管系统的支架、吊架、抗震支架的安装符合设计和规范要求	《通风与空调工程施工质量验收规范》（GB50243—2016）6.2.1、6.3.1	1. 预埋件位置应正确、牢固可靠，埋入部分应去除油污，且不得涂漆。 2. 风管系统支、吊架的形式和规格应按工程实际情况选用。风管直径大于 2000 mm 或边长大于 2500 mm 风管的支、吊架的安装要求，应按设计要求执行。 3. 风管支、吊架的安装应符合下列规定： （1）金属风管水平安装，直径或边长小于或等于 400 mm 时，支、吊架间距不应大于 4 m；大于 400 mm 时，间距不应大于 3 m。螺旋风管的支、吊架的间距可为 5 m 与 3.75 m；薄钢板法兰风管的支、吊架间距不应大于 3 m。垂直安装时，应设置至少 2 个固定点，支架间距不应大于 4 m。 （2）支、吊架的设置不应影响阀门、自控机构的正常动作，且不应设置在风口、检查门处，离风口和分支管的距离不宜小于 200 mm。 （3）悬吊的水平主、干风管直线长度大于 20 m 时，应设置防晃支架或防止摆动的固定点。

序号	编号	类别	实施对象	实施条款	实施依据	实施内容
						（4）矩形风管的抱箍支架，折角应平直，抱箍应紧贴风管。圆形风管的支架应设托座或抱箍，圆弧应均匀，且应与风管外径一致。 （5）风管或空调设备使用的可调节减振支、吊架，拉伸或压缩量应符合设计要求。 （6）不锈钢板、铝板风管与碳素钢支架的接触处，应采取隔绝或防腐绝缘措施。 （7）边长（直径）大于1250 mm的弯头、三通等部位应设置单独的支、吊架。
					《建筑机电工程抗震技术规程》（DB37/T5132—2019）8.1.4、5.1.5-3、5.1.6	1. 抗震支吊架与建筑结构应有可靠的连接和锚固，与钢筋混凝土结构应采用锚栓连接，与钢结构应采用焊接或螺栓连接。 2. 矩形截面面积大于等于0.38 m² 和圆形直径大于等于0.7 m的风管系统应采用抗震支吊架。 3. 防排烟风道、事故通风风道及相关设备必须采用抗震支吊架，其设置应满足设计规范要求。
205	3.10.5	实体施工质量	建设、施工、监理单位	风管穿过墙体或楼板时，应按要求设置套管并封堵密实	《通风与空调工程施工质量验收规范》（GB50243—2016）6.2.2、6.3.2-6、6.2.3	1. 当风管穿过需要封闭的防火、防爆的墙体或楼板时，必须设置厚度不小于1.6 mm的钢制防护套管；风管与保护套管之间应采用不燃柔性材料封堵严密。 2. 外保温风管必需穿越封闭的墙体时，应加设套管。 3. 输送含有易燃、易爆气体的风管系统通过生活区或其他辅助生产房间时不得设置接口。
					《建筑防火封堵应用技术标准》GB/T51410—2020 3.0.1、5.2.5、6.1.1、6.3.3	1. 防火封堵组件的防火、防烟和隔热性能不应低于封堵部位建筑构件或结构的防火、防烟和隔热性能要求，在正常使用和火灾条件下，应能防止发生脱落、移位、变形和开裂。 2. 耐火风管贯穿部位的环形间隙宜采用具有弹性的防火封堵材料封堵；或采用矿物棉等背衬材料填塞并覆盖具有弹性的防火封堵材料；或采用防火封堵板材封堵，并在风管与防火封堵板材之间的缝隙填塞具有弹性的防火封堵材料。 3. 建筑防火封堵施工应按照设计文件、相应产品的技术说明和操作规程以及防火封堵组件的构造要求进行。 4. 贯穿孔口防火封堵的材料选用、构造做法等应符合设计和施工要求。
206	3.10.6	实体施工质量	建设、施工、监理单位	水泵、冷却塔的技术参数和产品性能符合设计和规范要求	《通风与空调工程施工质量验收规范》（GB50243—2016）3.0.3、8.2.1、9.2.6、11.2.2-2、11.2.2-3	1. 通风与空调工程所使用的主要原材料、成品、半成品和设备的材质、规格及性能应符合设计文件和国家现行标准的规定，不得采用国家明令禁止使用或淘汰的材料与设备。主要原材料、成品、半成品和设备的进场验收应符合下列规定： （1）进场质量验收应经监理工程师或建设单位相关责任人确认，并应形成相应的书面记录。 （2）进口材料与设备应提供有效的商检合格证明、中文质量证明等文件。

序号	编号	类别	实施对象	实施条款	实施依据	实施内容
						2. 制冷（热）设备、制冷附属设备产品性能和技术参数应符合设计要求，并应具有产品合格证书、产品性能检验报告。 3. 水泵、冷却塔的技术参数和产品性应符合设计要求，管道与水泵的连接应采用柔性接管，且应为无应力状态，不得有强行扭曲、强制拉伸等现象。 4. 水泵叶轮旋转方向应正确，应无异常震动和声响，紧固连接部位应无松动，电机运行功率应符合设备技术文件要求。水泵连续运转 2 h 滑动轴承外壳最高温度不得超过 70℃，滚动轴承不得超过 75℃。 5. 冷却塔设备试运行不应小于 2 h，运行应无异常。
207	3.10.7	实体施工质量	建设、施工、监理单位	空调水管道系统应进行强度和严密性试验	《通风与空调工程施工质量验收规范》（GB50243—2016）9.2.3	1. 空调水管道系统安装完毕，外观检查合格后，应按设计要求进行水压试验。 2. 当设计无要求时，应符合下列规定： （1）冷（热）水、冷却水与蓄能（冷、热）系统的试验压力，当工作压力≤1.0 MPa 时，应为 1.5 倍工作压力，最低不应小于 0.6 MPa；当工作压力 >1.0 MPa 时，应为工作压力加 0.5 MPa； （2）系统最低点压力升至试验压力后，应稳压 10 min，压力下降不应大于 0.02 MPa，然后应将系统压力降至工作压力，外观检查无渗漏为合格。对于大型、高层建筑等垂直位差较大的冷（热）水、冷却水管道系统，当采用分区、分层试压时，在该部位的试验压力下，应稳压 10 min，压力不得下降，再将系统压力降至该部位的工作压力，在 60 min 内压力不得下降，外观检查无渗漏为合格； （3）各类耐压塑料管的强度试验压力（冷水）应为 1.5 倍工作压力，且不应小于 0.9 MPa；严密性试验压力应为 1.15 倍的设计工作压力； （4）凝结水系统采用通水试验，应以不渗漏，排水畅通为合格。
208	3.10.8	实体施工质量	建设、施工、监理单位	空调制冷系统、空调水系统与空调风系统的联合试运转及调试符合设计和规范要求	《通风与空调工程施工质量验收规范》（GB50243—2016）11.1.4、11.2.1、11.2.3、11.2.7、11.3.3	1. 通风与空调工程系统非设计满负荷条件下的联合试运转及调试，应在制冷设备和通风与空调设备单机试运转合格后进行。 2. 空调制冷系统、空调水系统与空调风系统的非设计满负荷条件下的联合试运转及调试，正常运转不应少于 8 h，除尘系统不少于 2 h。 3. 空调制冷系统、空调水系统与空调风系统的联合试运转及调试符合设计和规范要求。联合试运行与调试不在制冷期或采暖期时，仅做不带冷（热）源的试运行与调试，并应在第一个制冷期或采暖期内补做。 4. 通风与空调工程安装完毕后应进行系统调试。系统调试应包括下列内容： （1）设备单机试运转及调试。 （2）系统非设计满负荷条件下的联合试运转及调试。

序号	编号	类别	实施对象	实施条款	实施依据	实施内容
208	3.10.8	实体施工质量	建设、施工、监理单位	空调制冷系统、空调水系统与空调风系统的联合试运转及调试符合设计和规范要求	《通风与空调工程施工质量验收规范》（GB50243—2016）11.1.4、11.2.1、11.2.3、11.2.7、11.3.3	5. 系统非设计满负荷条件下的联合试运转及调试应符合下列规定： （1）系统总风量调试结果与设计风量的允许偏差应为 –5% ～ +10%，建筑内各区域的压差应符合设计要求。 （2）变风量空调系统联合调试应符合下列规定： ①系统空气处理机组应在设计参数范围内对风机实现变频调速； ②空气处理机组在设计机外余压条件下，系统总风量应满足本条文第 1 款的要求，新风量的允许偏差应为 0 ～ +10%； ③变风量末端装置的最大风量调试结果与设计风量的允许偏差应为 0 ～ +15%； ④改变各空调区域运行工况或室内温度设定参数时，该区域变风量末端装置的风阀(风机)动作（运行）应正确； ⑤改变室内温度设定参数或关闭部分房间空调末端装置时，空气处理机组应自动正确地改变风量； ⑥应正确显示系统的状态参数。 （3）空调冷（热）水系统、冷却水系统的总流量与设计流量的偏差不应大于 10%。 （4）制冷（热泵）机组进出口处的水温应符合设计要求。 （5）地源（水源）热泵换热器的水温与流量应符合设计要求。 （6）舒适空调与恒温、恒湿空调室内的空气温度、相对湿度及波动范围应符合或优于设计要求。 6. 空调系统非设计满负荷条件下的联合试运转及调试应符合下列规定： （1）空调水系统应排除管道系统中的空气，系统连续运行应正常平稳，水泵的流量、压差和水泵电机的电流不应出现10%以上的波动。 （2）水系统平衡调整后，定流量系统的各空气处理机组的水流量应符合设计要求，允许偏差应为 15%；变流量系统的各空气处理机组的水流量应符合设计要求，允许偏差应为 10%。 （3）冷水机组的供回水温度和冷却塔的出水温度应符合设计要求；多台制冷机或冷却塔并联运行时，各台制冷机及冷却塔的水流量与设计流量的偏差不应大于 10%。 （4）舒适性空调的室内温度应优于或等于设计要求，恒温恒湿和净化空调的室内温、湿度应符合设计要求。 （5）室内（包括净化区域）噪声应符合设计要求，测定结果可采用 Nc 或 dB（A）的表达方式。

序号	编号	类别	实施对象	实施条款	实施依据	实施内容
						（6）环境噪声有要求的场所，制冷、空调设备机组应按现行国家标准《采暖通风与空气调节设备噪声声功率级的测定工程法》GB9068 的有关规定进行测定。 （7）压差有要求的房间、厅堂与其他相邻房间之间的气流流向应正确。
					《建筑节能工程施工质量验收标准》（GB50411—2019）10.2.11、17.2.1、17.2.2	1. 通风与空调系统安装完毕，应进行通风机和空调机组等设备的单机试运转和调试，并应进行系统的风量平衡调试。单机试运转和调试结果应符合设计要求；系统的总风量与设计风量的允许偏差不应大于 10%，风口的风量与设计风量的允许偏差不应大于 15%。 2. 通风与空调工程安装调试完成后，应由建设单位委托具有相应资质的检测机构进行系统节能性能检验并出具报告，受季节影响未进行的节能性能检验项目，应在保修期补做。 3. 通风与空调节能工程的设备系统节能性能检测应符合《建筑节能工程施工质量验收标准》GB50411 表 17.2.2 的规定。
209	3.10.9	实体施工质量	建设、施工、监理单位	防排烟系统联合试运行与调试后的结果符合设计和规范要求	《建筑防烟排烟系统技术标准(GB51251—2017）7.1.1、7.1.5	1. 系统调试应在系统施工完成及与工程有关的火灾自动报警系统及联动控制设备调试合格后进行。 2. 系统调试应包括设备单机调试和系统联动调试，单机调试、系统联动调试内容应分别满足《建筑防烟排烟系统技术标准》GB51251 中 7.2、7.3 规定。
					《通风与空调工程施工质量验收规范》（GB50243—2016）11.2.4	防排烟系统联合试运行与调试后的结果，应符合设计要求及国家现行标准的有关规定。
210	3.11	建筑电气工程				
211	3.11.1	实体工程质量	建设、施工、监理单位	除临时接地装置外，接地装置应采用热镀锌钢材	《建筑电气工程施工质量验收规范》（GB 50303—2015）22.1.1、22.1.3	1. 接地装置在地面以上的部分，应按设计要求设置测试点，测试点不应被外墙饰面遮蔽，且应有明显标识。 2. 接地装置的材料规格、型号应符合设计要求。
					《电气装置安装工程接地装置施工及验收规范（GB50169—2016）4.1.4、4.1.6	1. 接地装置材料选择应符合下列规定： （1）除临时接地装置外，接地装置采用钢材时均应热镀锌，水平敷设的应采用热镀锌的圆钢和扁钢，垂直敷设的应采用热镀锌的角钢、钢管或圆钢。 （2）当采用扁铜带、铜绞线、铜棒、铜覆钢（圆线、绞线）、锌覆钢等材料作为接地装置时，其选择应符合设计要求。 （3）不应采用铝导体作为接地极或接地线。 2. 接地极用热镀锌钢及锌覆钢的锌层厚度应满足设计的要求。

序号	编号	类别	实施对象	实施条款	实施依据	实施内容
212	3.11.2	实体工程质量	建设、施工、监理单位	接地（PE）或接零（PEN）支线应单独与接地（PE）或接零（PEN）干线相连接	《电气装置安装工程接地装置施工及验收规范（GB50169—2016）4.2.9、4.12.6、4.12.7、4.12.8、4.12.9	1. 电气装置的接地必须单独与接地母线或接地网相连接，严禁在一条接地线中串接两个及两个以上需要接地的电气装置。 2. 变电室或变压器室内高压电气装置外露导电部分，应通过环形接地母线或总等位端子箱接地。 3. 低压电气装置外露导电部分，应通过电源的 PE 线接至装置内设的 PE 排接地。 4. 电气装置应设专用接地螺栓，防松装置应齐全，且有标识，接地线不得采用串接方式。 5. 接地线穿过墙、地面、楼板等处时，应有足够坚固的保护措施。
213	3.11.3	实体工程质量	建设、施工、监理单位	接闪器与防雷引下线、防雷引下线与接地装置应可靠连接	《建筑电气与智能化通用规范（GB55024—2022）7.1.8、8.8.1、8.8.2、8.8.3、8.8.4、8.8.5	1. 专用引下线和专设引下线上端应与接闪器可靠连接，下端应与防雷接地装置可靠连接。 2. 接闪器必须与防雷专设或专用引下线焊接或卡接器连接。 3. 专设引下线与可燃材料的墙壁或墙体保温层间距应大于 0.1 m。 4. 防雷引下线、接地干线、接地装置的连接应符合下列规定： （1）专设引下线之间应采用焊接或螺栓连接，专设引下线与接地装置应采用焊接或螺栓连接； （2）接地装置引出的接地线与接地装置应采用焊接连接，接地装置引出的接地线与接地干线、接地干线与接地干线应采用焊接或螺栓连接； （3）当连接点埋设于地下、墙体内或楼板内时不应采用螺栓连接。 5. 接地干线穿过墙体、基础、楼板等处时应采用金属导管保护。 6. 接地体（线）采用搭接焊时，其搭接长度必须符合下列规定： （1）扁钢不应小于其宽度的 2 倍，且应至少三面施焊； （2）圆钢不应小于其直径的 6 倍，且应两面施焊； （3）圆钢与扁钢连接时，其长度不应小于圆钢直径的 6 倍，且应两面施焊； （4）扁钢与钢管应紧贴 3/4 钢管表面上下两侧施焊，扁钢与角钢应紧贴角钢外侧两面施焊。
					《建筑电气工程施工质量验收规范（GB50303—2015）24.1.1、24.1.2、24.1.4、24.2.6	1. 防雷引下线的布置、安装数量和连接方式应符合设计要求。接闪器的布置、规格及数量应符合设计要求。 2. 当利用建筑物金属屋面或屋顶上旗杆、栏杆、装饰物、铁塔、女儿墙上的盖板等永久性金属物做接闪器时，其材质及截面应符合设计要求，建筑物金属屋面板间的连接、永久性金属物各部件之间的连接应可靠、持久。 3. 接闪带或接闪网在过建筑物变形缝处的跨接应有补偿措施。

续表

序号	编号	类别	实施对象	实施条款	实施依据	实施内容
214	3.11.4	实体工程质量	建设、施工、监理单位	电动机等外露可导电部分应与保护导体可靠连接	《建筑电气与智能化通用规范》(GB55024—2022)8.5.1、8.5.2、8.8.6	1. 电气设备或电气线路的外露可导电部分应与保护导体直接连接，不应串联连接。2. 用电设备安装在室外或潮湿场所时，其接线口或接线盒应采取防水防潮措施。3. 电动机接线盒内各线缆之间均应有电气间隙，并采取绝缘防护措施；电动机电源线与接线端子紧固时不应损伤电动机引出线套管。
215	3.11.5	实体工程质量	建设、施工、监理单位	母线槽、分支母线槽应与保护导体可靠连接	《建筑电气与智能化通用规范》(GB55024—2022)2.0.5、8.7.3	1. 母线槽的金属外壳等外露可导电部分应与保护导体可靠连接，并应符合下列规定：（1）每段母线槽的金属外壳间应连接可靠，母线槽全长应有不少于2处与保护导体可靠连接；（2）母线槽的金属外壳末端应与保护导体可靠连接；（3）连接导体的材质、截面面积应符合设计要求。2. 母线槽、电缆桥架和导管穿越建筑物变形缝处时，应设置补偿装置。
216	3.11.6	实体工程质量	建设、施工、监理单位	金属梯架、托盘或槽盒本体之间的连接符合设计要求	《建筑电气与智能化通用规范》(GB55024—2022)8.7.1、8.8.7	1. 电缆桥架本体之间的连接应牢固可靠，金属电缆桥架与保护导体的连接应符合下列规定：（1）电缆桥架全长不大于30 m时，不应少于2处与保护导体可靠连接；全长大于30 m时，每隔20～30 m应增加一个连接点，起始端和终点端均应可靠接地；（2）非镀锌电缆桥架本体之间连接板的两端应跨接保护联结导体，保护联结导体的截面面积应符合设计要求；（3）镀锌电缆桥架本体之间不跨接保护联结导体时，连接板每端不应少于2个有防松螺帽或防松垫圈的连接固定螺栓。2. 金属电缆支架与保护导体应可靠连接。
217	3.11.7	实体工程质量	建设、施工、监理单位	交流单芯电缆或分相后的每相电缆不得单根独穿于钢导管内，固定用的夹具和支架不应形成闭合磁路	《建筑电气与智能化通用规范》(GB55024—2022)8.7.7	交流单芯电缆或分相后的每相电缆敷设应符合下列规定：（1）不应单独穿钢导管、钢筋混凝土楼板或墙体；（2）不应单独进出导磁材料制成的配电箱（柜）、电缆桥架等；（3）不应单独用铁磁夹具与金属支架固定。
218	3.11.8	实体工程质量	建设、施工、监理单位	灯具的安装符合设计要求	《建筑电气与智能化通用规范》(GB55024—2022)4.5.6、8.5.3、8.5.4、9.2.4	1. 灯具的安装应符合下列规定：（1）灯具的固定应牢固可靠，在砌体和混凝土结构上严禁使用木楔、尼龙塞和塑料塞固定；（2）I类灯具的外露可导电部分必须与保护接地导体可靠连接，连接处应设置接地标识；（3）接线盒引至嵌入式灯具或槽灯的电线应采用金属柔性导管保护，不得裸露；柔性导管与灯具壳体应采用专用接头连接；（4）从接线盒引至灯具的电线截面面积应与灯具要求相匹配且不应小于1 mm²;

序号	编号	类别	实施对象	实施条款	实施依据	实施内容
						（5）埋地灯具、水下灯具及室外灯具的接线盒，其防护等级应与灯具的防护等级相同，且盒内导线接头应做防水绝缘处理； （6）安装在人员密集场所的灯具玻璃罩，应有防止其向下溅落的措施； （7）在人行道等人员来往密集场所安装的落地式景观照明灯，当采用表面温度大于60C的灯具且无围栏防护时，灯具距地面高度应大于2.5 m，灯具的金属构架及金属保护管应分别与保护导体采用焊接或螺栓连接，连接处应设置接地标识； （8）灯具表面及其附件的高温部位靠近可燃物时，应采取隔热、散热防火保护措施。 2. 标志灯安装在疏散走道或通道的地面上时，应符合下列规定： （1）标志灯管线的连接处应密封； （2）标志灯表面应与地面平顺，且不应高于地面3 mm。 3. 质量大于10 kg的灯具，固定装置和悬吊装置应按灯具质量的5倍恒定均布荷载做强度试验，且不得大于固定点的设计最大荷载，持续时间不得小于15 min。 4. 消防应急照明回路严禁接入消防应急照明系统以外的开关装置、电源插座及其他负载。
219	增16	实体工程质量	建设、施工、监理单位	配电箱（柜）安装符合设计要求	《建筑电气与智能化通用规范》(GB55024—2022) 8.4.1、8.4.2、8.4.3、8.4.4、8.4.5	1. 配电箱（柜）的机械闭锁、电气闭锁应动作准确、可靠。 2. 变电所低压配电柜的保护接地导体与接地干线应采用螺栓连接，防松零件应齐全。 3. 配电箱（柜）安装应符合下列规定： （1）室外落地式配电箱（柜）应安装在高出地坪不小于200 mm的底座上，底座周围应采取封闭措施； （2）配电箱（柜）不应设置在水管接头的下方。 4. 当配电箱（柜）内设有中性导体（N）和保护接地导体（PE）母排或端子板时，应符合下列规定： （1）N母排或N端子板必须与金属电器安装板做绝缘隔离，PE母排或PE端子板必须与金属电器安装板做电气连接； （2）PE线必须通过PE母排或PE端子板连接； （3）不同回路的N线或PE线不应连接在母排同一孔上或端子上。 5. 电气设备安装应牢固可靠，且锁紧零件齐全。落地安装的电气设备应安装在基础上或支座上。

序号	编号	类别	实施对象	实施条款	实施依据	实施内容
					《建筑电气工程施工质量验收规范》（GB50303—2015）5.1.12、5.2.10	1. 照明配电箱（盘）安装应符合下列规定： （1）照明配电箱（盘）内配线应整齐、无绞接现象；导线连接应紧密、不伤线芯、不断股；垫圈下螺丝两侧压的导线截面积应相同，同一电器器件端子上的导线连接不应多于2根，防松垫圈等零件应齐全； （2）箱（盘）内开关动作应灵活可靠； （3）箱（盘）内宜分别设置中性导体（N）和保护接地导体（PE）汇流排，汇流排上同一端子不应连接不同回路的 N 或 PE。 2. 照明配电箱（盘）安装应符合下列规定： （1）照明配电箱（盘）箱体开孔应与导管管径适配，暗装配电箱箱盖应紧贴墙面，箱（盘）涂层应完整； （2）箱（盘）内回路编号应齐全，标识应正确； （3）箱（盘）应采用不燃材料制作； （4）箱（盘）应安装牢固、位置正确、部件齐全，安装高度应符合设计要求。
220	增17	实体工程质量	建设、施工、监理单位	卫生间等电位设置符合设计要求	《建筑电气工程施工质量验收规范》（GB 50303—2015）25.1.1、25.1.2、25.2.1、25.2.2	1. 建筑物等电位联结的范围、形式、方法、部位及联结导体的材料和截面积应符合设计要求。 2. 需做等电位联结的外露可导电部分或外界可导电部分的连接应可靠。 3. 需做等电位联结的卫生间内金属部件或零件的外界可导电部分，应设置专用接线螺栓与等电位联结导体连接，并应设置标识；连接处螺帽应紧固、防松零件应齐全。 4. 当等电位联结导体在地下暗敷时，其导体间的连接不得采用螺栓压接。
221	增18	实体工程质量	建设、施工、监理单位	导管敷设符合设计要求	《建筑电气与智能化通用规范（GB55024—2022）8.7.5、8.8.8	1. 暗敷于建筑物、构筑物内的导管，不应在截面长边小于 500 mm 的承重墙体内剔槽埋设。 2. 钢导管不得采用对口熔焊连接；镀锌钢导管或壁厚小于或等于 2 mm 的钢导管，不得采用套管熔焊连接。 3. 敷设于室外的导管管口不应敞口垂直向上，导管管口应在盒、箱内或导管端部设置防水弯。 4. 严禁经柔性导管直埋于墙体内或楼（地）面内。 5. 严禁利用金属软管、管道保温层的金属外皮或金属网、电线电缆金属护层作为保护导体。
					《建筑电气工程施工质量验收规范》（GB50303—2015）12.1.1、12.2.8、12.2.9	1. 金属导管应与保护导体可靠连接，以专用接地卡固定的保护联结导体应为铜芯软导线，截面积不应小于 4 mm²；以熔焊焊接的保护联结导体宜为圆钢，直径不应小于 6 mm，其搭接长度应为圆钢直径的 6 倍。机械连接的金属导管，管与管、管与盒（箱）体的连接配件应选用配套部件，其连接应符合产品技术文件要求，当连接处的接触电阻值符合相关要求时，连接处可不设置保护联结导体，但导管不应作为保护导体的接续导体。

序号	编号	类别	实施对象	实施条款	实施依据	实施内容
						2. 刚性导管经柔性导管与电气设备、器具连接时，柔性导管的长度在动力工程中不宜大于 0.8 m，在照明工程中不宜大于 1.2 m。 3. 可弯曲金属导管或柔性导管与刚性导管或电气设备、器具间的连接应采用专用接头；可弯曲金属导管和金属柔性导管不应做保护导体的接续导体。 4. 导管穿越外墙时应设置防水套管，且应做好防水处理。 5. 钢导管或刚性塑料导管跨越建筑物变形缝处应设置补偿装置。 6. 除埋设于混凝土内的钢导管内壁应防腐处理，外壁可不防腐处理外，其余场所敷设的钢导管内、外壁均应做防腐处理。
222	增19	实体工程质量	建设、施工、监理单位	电缆、导线敷设符合设计要求	《建筑电气与智能化通用规范》（GB55024—2022）8.7.6、8.7.7、8.7.8、8.7.9、8.7.10	1. 电缆敷设应符合下列规定： （1）并联使用的电力电缆，敷设前应确保其型号、规格、长度相同； （2）电缆在电气竖井内垂直敷设及电缆在大于45°倾斜的支架上或电缆桥架内敷设时，应在每个支架上固定； （3）电缆出入电缆桥架及配电箱（柜）应固定可靠，其出入口应采取防止电缆损伤的措施； （4）电缆头应可靠固定，不应使电器元器件或设备端子承受额外应力； （5）耐火电缆连接附件的耐火性能不应低于耐火电缆本体的耐火性能。 2. 交流单芯电缆或分相后的每相电缆敷设应符合下列规定： （1）不应单独穿钢导管、钢筋混凝土楼板或墙体； （2）不应单独进出用导磁材料制成的配电箱（柜）、电缆桥架等； （3）不应单独用铁磁夹具与金属支架固定。 3. 电线敷设应符合下列规定： （1）同一交流回路的电线应敷设于同一金属电缆槽盒或金属导管内； （2）电线在电缆槽盒内应按回路分段绑扎，电线出入电缆槽盒及配电箱（柜）应采取防止电线损伤的措施； （3）塑料护套线严禁直接敷设在建筑物顶棚内、墙体内、抹灰层内、保温层内、装饰面内或可燃物表面。 4. 导线连接应符合下列规定： （1）导线的接头不应裸露，不同电压等级的导线接头应分别经绝缘处理后设置在各自的专用接线盒（箱）或器具内； （2）截面积 6 mm^2 及以下铜芯导线间的连接应采用导线连接器或缠绕搪锡连接；

序号	编号	类别	实施对象	实施条款	实施依据	实施内容
						（3）截面面积大于 2.5 mm² 的多股铜芯导线与设备、器具、母排的连接，除设备、器具自带插接式端子外，应加装接线端子； （4）导线接线端子与电气器具连接不得采取降容连接。 5. 电线或电缆敷设应有标识，并应符合下列规定： （1）高压线路应设有明显的警示标识； （2）电缆首端、末端、检修孔和分支处应设置永久性标识，直埋电缆应设置标示桩； （3）电力线缆接线端在配电箱（柜）内，应按回路用途做好标识。
					《建筑电气工程施工质量验收规范》（GB50303—2015）13.1.3、14.1.1、14.1.2、14.1.3、14.2.1、14.2.4	1. 当电缆敷设存在可能受到机械外力损伤、振动、浸水及腐蚀性或污染物质等损害时，应采取防护措施。 2. 同一交流回路的绝缘导线不应敷设于不同的金属槽盒内或穿于不同金属导管内。 3. 除设计要求以外，不同回路、不同电压等级和交流与直流线路的绝缘导线不应穿于同一导管内。 4. 绝缘导线接头应设置在接线盒（箱）或器具内，不得设置在导管和槽盒内，盒（箱）的设置位置应便于检修。 5. 除塑料护套线外，绝缘导线应采取导管或槽盒保护，不可外露明敷。 6. 当采用多相供电时，同一建（构）筑物的绝缘导线绝缘层颜色应一致。
223	增20	实体工程质量	建设、施工、监理单位	开关、插座安装符合设计要求	《建筑电气与智能化通用规范（GB55024—2022）8.5.5	电源插座及开关安装应符合下列规定： 1. 电源插座接线应正确。 2. 同一场所的三相电源插座，其接线的相序应一致。 3. 保护接地导体（PE）在电源插座之间不应串联连接。 4. 相线与中性导体（N）不得利用电源插座本体的接线端子转接供电。 5. 暗装的电源插座面板或开关面极应紧贴墙面或装饰面，导线不得裸露在装饰层内。
					《建筑电气工程施工质量验收规范》（GB50303—2015）20.1.1、20.1.2、20.1.4、20.1.5、20.2.1	1. 当交流、直流或不同电压等级的插座安装在同一场所时，应有明显的区别，插座不得互换；配套的插头应按交流、直流或不同电压等级区别使用。 2. 不间断电源插座及应急电源插座应设置标识。 3. 同一建（构）筑物的开关宜采用同一系列的产品，单控开关的通断位置应一致，且应操作灵活、接触可靠；相线应经开关控制。紫外线杀菌灯的开关应有明显标识，并应与普通照明开关的位置分开。 4. 温控器接线应正确，显示屏指示应正常，安装标高应符合设计要求。

序号	编号	类别	实施对象	实施条款	实施依据	实施内容
						5. 暗装的插座盒或开关盒应与饰面平齐，盒内干净整洁，无锈蚀，绝缘导线不得裸露在装饰层内，面板应紧贴饰面，四周无缝隙、安装牢固，表面光滑、无碎裂、划伤、装饰帽（板）齐全。
224	增21	实体工程质量	建设、施工、监理单位	电气设备用房和智能化设备用房布线安装符合设计要求	《建筑电气与智能化通用规范》GB55024—2022）2.0.3	建筑物电气设备用房和智能化设备用房应符合下列规定： 1. 不应设在卫生间、浴室等经常积水场所的直接下一层，当与其贴邻时，应采取防水措施； 2. 地面或门槛应高出本层楼地面，其标高差值不应小于 0.10 m，设在地下层时不应小于 0.15 m； 3. 无关的管道和线路不得穿越； 4. 电气设备的正上方不应设置水管道； 5. 变电所、柴油发电机房、智能化系统机房不应有变形缝穿越； 6. 楼地面应满足电气设备和智能化设备荷载的要求。
225	3.12	智能建筑工程				
226	3.12.1	实体施工质量	建设、施工、监理单位	紧急广播系统应按规定检查防火保护措施	《建筑电气与智能化通用规范（GB55024—2022）9.3.2	当紧急广播系统具有火灾应急广播功能时，应检查传输线缆、槽盒和导管的防火保护措施。
					《火灾自动报警系统设计规范（GB50116—2013）11.2.2、11.2.3、11.2.5	1. 火灾自动报系统的供电线路、消防联动控制线路应采用耐火铜芯电线电缆，报总线、消防应急广播和消防专用电话等传输线路应采用阻燃或阻燃耐火电线电缆。 2. 紧急广播系统的线路暗敷设时，应采用金属管、可挠（金属）电气导管或 B1 级以上的刚性塑料管保护，并应敷设在不燃烧体的结构层内，且保护层厚度不宜小于 30 mm；线路明敷设时，应采用金属管、可挠（金属）电气导管或金属封闭线槽保护，所穿金属导管或封闭线槽应采取防火涂料等防火保护措施。 3. 不同电压等级的线缆不应穿入同一根保护管内，当合用同一线槽时，线槽内应有隔板分隔。
227	3.12.2	实体施工质量	建设、施工、监理单位	火灾自动报警系统的主要设备应是通过国家认证（认可）的产品	《中华人民共和国消防法（2019 修正）第二十四条	消防产品必须符合国家标准；没有国家标准的，必须符合行业标准。依法实行强制性产品认证的消防产品，由具有法定资质的认证机构按照国家标准、行业标准的强制性要求认证合格后，方可生产、销售、使用。实行强制性产品认证的消防产品目录，由国务院产品质量监督部门会同国务院应急管理部制定并公布。

序号	编号	类别	实施对象	实施条款	实施依据	实施内容
					《火灾自动报警系统施工及验收规范（GB 50166—2019）2.2.1、2.2.2、2.2.3、2.2.4、2.2.5	1. 火灾自动报警系统设备及配件的规格、型号应符合设计要求。 2. 设备、材料及配件进入施工现场应有清单、使用说明书、质量合格证明文件、国家法定质检机构的检验报告等文件。火灾自动报警系统中的强制认证（认可）产品还应有认证（认可）证书和认证（认可）标识，有序列号的产品，序列号应清晰可见且可溯源。 3. 火灾自动报警系统的主要设备应是通过国家认证（认可）的产品。产品名称、型号、规格应与检验报告一致。 4. 火灾自动报警系统中非国家强制认证（认可）的产品名称、型号、规格应与检验报告一致。 5. 火灾自动报警系统设备及配件表面应无明显划痕、毛刺等机械损伤，紧固部位应无松动。 6. 设备、材料进场时必须检查验收，并经专业监理工程师核查确认方可用于施工。
228	3.12.3	实体施工质量	建设、施工、监理单位	火灾探测器不得被其他物体遮挡或掩盖。	《火灾自动报警系统施工及验收规范（GB 50166—2019）3.3.6、3.3.7	1. 点型感烟、感温火灾探测器的安装，应符合下列要求： （1）探测器至墙壁、梁边的水平距离，不应小于 0.5 m。 （2）探测器周围水平距离 0.5 m 内，不应有遮挡物。 （3）探测器至空调送风口最近边的水平距离不应小于 1.5 m；至多孔送风顶棚孔口的水平距离，不应小于 0.5 m。 （4）点型感温火灾探测器的安装间距，不应超过 10 m；点型感烟火灾探测器的安装间距，不应超过 15 m。探测器至端墙的距离，不应大于安装间距的一半。 （5）探测器宜水平安装，当确需倾斜安装时，倾斜角不应大于 45°。 2. 线型红外光束感烟火灾探测器的安装，应符合下列要求： （1）当探测区域的高度不大于 20 m 时，光束轴线至顶棚的垂直距离宜为 0.3 ~ 1.0 m；当探测区域的高度大于 20 m 时，光束轴线距探测区域的地（楼）面高度不宜超过 20 m。 （2）发射器和接收器之间的探测区域长度不宜超过 100 m。 （3）相邻两组探测器光束轴线的水平距离不应大于 14 m。探测器光束轴线至侧墙水平距离不应大于 7 m，且不应小于 0.5 m。 （4）发射器和接收器之间的光路上应无遮挡物或干扰源。 （5）发射器和接收器应安装牢固，并不应产生位移。

序号	编号	类别	实施对象	实施条款	实施依据	实施内容
229	3.12.4	实体施工质量	建设、设计、施工、监理单位	消防系统的线槽、导管的防火涂料应涂刷均匀	《建筑设计防火规范》（GB50016—2014）10.1.10	消防配电线路应满足火灾时连续供电的需要。引至消防设备的供电线路当采用明敷设或者吊顶内敷设或架空地板内敷设时，应穿金属管或封闭式金属线槽保护，所穿金属管或金属封闭式线槽应采取防火保护措施。
					《民用建筑电气设计标准》（GB 51348—2019）13.6.3	消防应急疏散照明系统的配电线路应穿热镀锌金属管保护敷设在不燃烧体内，在吊顶内敷设的线路应采用耐火导线穿采取防火措施的金属导管保护。
230	3.12.5	实体施工质量	建设、设计、施工、监理单位	当与电气工程共用线槽时，应与电气工程的导线、电缆有隔离措施	《火灾自动报警系统施工及验收规范》（GB50166—2019）3.2.12、3.2.13	1. 火灾自动报警系统应单独布线，系统内不同电压等级、不同电流类别的线路，不应布在同一管内或线槽的同一槽孔内。2. 导线在管内或线槽内，不应有接头或扭结。导线的接头，应在接线盒内焊接或用端子连接。
					《火灾自动报警系统设计规范》（GB50116—2013）11.2.4、11.2.5	1. 火灾自动报警系统用的电气竖井，宜与电力、照明用的低压配电线路电缆竖井分别设置。受条件限制必须合用时，应将火灾自动报警系统用的电缆和电力、照明用的低压配电线路电缆分别布置在竖井的两侧。2. 不同电压等级的线缆不应穿入同一根保护管内，当合用同一线槽时，线槽内应有板分隔。共用线槽时，所有绝缘电线和电缆应具有与最高标称电压回路相同的绝缘等级，分别敷设在以不燃挡板分隔的不同槽孔内，共用的线槽、桥架应为防火桥架，桥架表面防火涂料厚度应符合标准要求。
231	增22	实体施工质量	建设、施工、监理单位	综合布线应满足设计要求	《综合布线系统工程验收规范》（GB/T 50312—2016）3.0.1、3.0.2、3.0.3、4.0.1、5.0.1、	1. 房屋预埋槽盒、暗管、孔洞和竖井的位置、数量、尺寸均应符合设计文件要求。2. 引入管道的数量、组合排列以及与其他设施，如电气、水、燃气、下水道等的位置及间距应符合设计文件要求。3. 引入缆线采用的敷设方法应符合设计文件要求；管线入口部位的处理应符合设计要求，并应采取排水及防止有害气体、水、虫等进入的措施。4. 工程所用缆线和器材的品牌、型号、规格、数量、质量应在施工前进行检查，应符合设计文件要求，并应具备相应的质量文件或证书。5. 电信间、设备间、进线间、弱电竖井有可靠的接地等电位联结端子板，机柜、配线箱、配线设备屏蔽层及金属导管、桥架的接地可靠，接地电阻值及接地导线规格符合设计要求；6. 机柜、配线箱、管槽等设施的安装方式应符合抗震设计要求；机柜上的各种零件不得脱落或碰坏，漆面不应有脱落及划痕，各种标志应完整、清晰；门锁的启闭应灵活、可靠。7. 缆线不得布放在电梯或供水、供气、供暖管道竖井中，不宜布放在强电竖井中。

序号	编号	类别	实施对象	实施条款	实施依据	实施内容
						8. 缆线的型式、规格应与设计规定相符；缆线在各种环境中的敷设方式、布放间距均应符合设计要求。线号、线位色标准确、标识清晰。 9. 金属导管、槽盒布线；导管、桥架跨越建筑物变形缝处，应设补偿装置。
232	增23	实体施工质量	建设、施工、监理单位	对讲、有线、网络插座安装符合设计要求	《住宅室内装装修工程质量验收规范》JGJT304—2013 16.2.1、16.2.2、16.3.1、16.3.3、16.4.1、16.4.4、16.5.1、16.5.13	1. 有线电视的信号插座面板、电话、信息网络的终端插座面板规格、型号、安装位置应符合设计要求。 2. 插座面板、终端插座面板、访客对讲户内话机安装应平整牢固、紧贴墙面，表面应无碎裂、污损。 3. 入侵探测器、可燃气体泄露报警探测器的安装位置和功能应符合设计文件要求，安装应牢固，表面应清洁，无污染。

序号	编号	类别	实施对象	实施条款	实施依据	实施内容
233	5	质量管理资料				
234	5.1	建筑材料进场检验资料				
235	5.1.1	质量管理资料	建设、施工、监理单位	水泥	《混凝土结构通用规范》（GB55008—2021）3.1.1	结构混凝土用水泥主要控制指标应包括凝结时间、安定性、胶砂强度和氯离子含量。水泥中使用的混合材品种和掺量应在出厂文件中明示。
					《砌体结构工程施工质量验收规范》（GB50203—2011）4.0.1	不同品种的水泥，不得混合使用。抽检数量：按同一生产厂家、同品种、同等级、同批号连续进场的水泥，袋装水泥不超过200 t为一批，散装水泥不超过500 t为一批，每批抽样不少于一次。检验方法：检查产品合格证、出厂检验报告和进场复验报告。
236	5.1.2	质量管理资料	建设、施工、监理单位	钢筋	《混凝土结构通用规范》（GB55008—2021）3.2.3、5.1.2	1. 对按一、二、三级抗震等级设计的房屋建筑框架和斜撑构件，其纵向受力普通钢筋性能应符合下列规定： （1）抗拉强度实测值与屈服强度实测值的比值不应小于1.25； （2）屈服强度实测值与屈服强度标准值的比值不应大于1.30； （3）最大力总延伸率实测值不应小于9%。 2. 材料、构配件、器具和半成品应进行进场验收，合格后方可使用。
237	5.1.3	质量管理资料	建设、施工、监理单位	钢筋焊接、机械连接材料	《钢筋焊接及验收规程》（JGJ18—2012）5.1.6	应检查钢筋、钢板质量证明书、焊接材料产品合格证和焊接工艺试验时的接头力学性能实验报告。
					《钢筋机械连接技术规程》（JGJ107—2016）7.0.1	工程应用接头时，应对接头技术提供单位提交的接头相关技术资料进行审查与验收，并应包括下列内容： 1. 工程所用接头的有效型式检验报告。 2. 连接件产品设计、接头加工安装要求的相关技术文件。 3. 连接件产品合格证和连接件原材料质量证明书。
238	5.1.4	质量管理资料	建设、施工、监理单位	砖、砌块	《砌体结构通用规范》（GB55007—2021）3.1.2	1. 砌体结构选用材料应符合下列规定： （1）所用的材料应有产品出厂合格证书、产品性能型式检验报告； （2）应对块材、水泥、钢筋、外加剂、预拌砂浆、预拌混凝土的主要性能进行检验，证明质量合格和符合设计要求； （3）应根据块材类别和性能，选用与其匹配的砌筑砂浆。
					《砌体结构工程施工质量验收规范》（GB50203—2011）3.0.1、5.1.2、5.1.3	1. 砌体结构工程所用的材料应有产品合格证书、产品性能型式检验报告，质量应符合国家现行有关标准的要求。块体、水泥、钢筋、外加剂尚应有材料主要性能的进场复验报告，并应符合设计要求。严禁使用国家明令淘汰的材料。

序号	编号	类别	实施对象	实施条款	实施依据	实施内容
						2. 用于清水墙、柱表面的砖,应边角整齐、色泽均匀。 3. 砌体砌筑时,混凝土多孔砖、混凝土实心砖、蒸压灰砂砖、蒸压粉煤灰砖等块体的产品龄期不应小于28 d。
239	5.1.5	质量管理资料	建设、施工、监理单位	预拌混凝土、预拌砂浆	《混凝土结构工程施工质量验收规范》(GB50204—2015)7.1.5	大批量、连续生产的同一配合比混凝土,混凝土生产单位应提供基本性能试验报告。
					《预拌混凝土》(GB/T14902—2012)10.3.1—10.3.3	1. 供方应按分部工程向需方提供同一配合比混凝土的出厂合格证。出厂合格证至少包括以下内容:(1)出厂合格证编号;(2)合同编号;(3)工程名称;(4)需方;(5)供方;(6)供货日期;(7)浇筑部位;(8)混凝土标记;(9)标记内容以外的技术要求;(10)供货量(m³);(11)原材料的品种、规格、级别及检验报告编号;(12)混凝土配合比编号;(13)混凝土质量评定。 2. 交货时,需方应指定专人及时对供方所供预拌混凝土的质量、数量进行确认。 3. 供方应随每一辆运输车向需方提供该车混凝土的发货单,发货单应至少包括以下内容:(1)合同编号;(2)发货单编号;(3)需方;(4)供方;(5)工程名称;(6)浇筑部位;(7)混凝土标记;(8)本车的供货量(m³);(9)运输车号;(10)交货地点;(11)交货日期;(12)发车时间和到达时间;(13)供需(含施工方)双方交接人员签字。
					《预拌砂浆》(GB/T25181—2019)11.2.2、11.2.3	1. 交货时,供方应随每一运输车向需方提供所运送预拌砂浆的发货单,发货单应包括以下内容:(1)合同编号;(2)发货单编号;(3)需方;(4)供方;(5)工程名称;(6)砂浆标记;(7)供货日期;(8)供货量;(9)供需双方确认手续;(10)其他。 2. 供方提供发货单时应附上产品质量证明文件。
					《预拌砂浆应用技术规程》(JGJ/T223—2010)3.0.1、3.0.3、3.0.6、4.1.1、4.1.4	1. 预拌砂浆的品种选用应根据设计、施工等的要求确定。 2. 预拌砂浆施工前,施工单位应根据设计和工程要求及预拌砂浆产品说明书等编制施工方案,并应按施工方案进行施工。 3. 预拌砂浆抗压强度、实体拉伸粘结强度应按验收批进行评定。 4. 预拌砂浆进场时,供方应按规定批次向需方提供质量证明文件。质量证明文件应包括产品型式检验报告和出厂检验报告等。 5. 预拌砂浆外观、稠度检验合格后,应按本规程附录A的规定进行复验。

序号	编号	类别	实施对象	实施条款	实施依据	实施内容
240	5.1.6	质量管理资料	建设、施工、监理单位	钢结构用钢材、焊接材料、连接紧固材料	《钢结构通用规范》（GB55006—2021）3.0.1、3.0.2、3.0.3、3.0.4、7.1.2、7.2.1	1. 钢结构工程所选用钢材的牌号、技术条件、性能指标均应符合国家现行有关标准的规定； 2. 钢结构承重构件所用的钢材应具有屈服强度，断后伸长率，抗拉强度和硫、磷含量的合格保证，在低温使用环境下尚应具有冲击韧性的合格保证；对焊接结构尚应具有碳或碳当量的合格保证。铸钢件和要求抗层状撕裂（Z向）性能的钢材尚应具有断面收缩率的合格保证。焊接承重结构以及重要的非焊接承重结构所用的钢材，应具有弯曲试验的合格保证；对直接承受动力荷载或需进行疲劳验算的构件，其所用钢材尚应具有冲击韧性的合格保证； 3. 按极限状态设计方法进行结构强度与稳定计算时，钢材强度应取钢材的强度设计值，此值应以钢材的屈服强度标准值除以钢材的抗力分项系数求得。 4. 工程用钢材与连接材料应规范管理，钢材与连接材料应按设计文件的选材要求订货； 5. 钢结构焊接材料应具有焊接材料厂出具的产品质量证明书或检验报告； 6. 高强度大六角头螺栓连接副和扭剪型高强度螺栓连接副出厂时应分别随箱带有扭矩系数和紧固轴力（预拉力）的检验报告，并应附有出厂质量保证书。高强度螺栓连接副应按批配套进场并在同批内配套使用。
241	5.1.7	质量管理资料	建设、施工、监理单位	预制构件、夹芯外墙板	《混凝土结构工程施工质量验收规范》（GB50204—2015）9.2.1、9.2.2	1. 预制构件的质量应符合国家现行相关标准的规定和设计的要求。 检查数量：全数检查。 检验方法：检查质量证明文件或质量验收记录。 2. 对专业企业生产的预制构件，进场时应检查质量证明文件。质量证明文件包括产品合格证明书、混凝土强度检验报告及其他重要检验报告等；预制构件的钢筋、混凝土原材料、预应力材料、预埋件等均应参照国家现行相关标准的有关规定进行检验。
242	5.1.8	质量管理资料	建设、施工、监理单位	灌浆套筒、灌浆料、座浆料	《钢筋套筒灌浆连接应用技术规程》（JGJ355—2015）7.0.3、7.0.4、7.0.6	1. 灌浆套筒进厂（场）时，应抽取灌浆套筒检验外观质量、标识和尺寸偏差，检验结果应符合现行行业标准《钢筋连接用灌浆套筒》JG/T398及《钢筋套筒灌浆连接应用技术规程》JGJ355第3.1.2条的有关规定。 检查数量：同一批号、同一类型、同一规格的灌浆套筒，不超过1000个为一批，每批随机抽取10个灌浆套筒。 检验方法：观察，尺量检查。

序号	编号	类别	实施对象	实施条款	实施依据	实施内容
						2. 灌浆料进场时，应对灌浆料拌合物 30 min 流动度、泌水率及 3 d 抗压强度、28 d 抗压强度、3 h 竖向膨胀率、24 h 与 3 h 竖向膨胀率差值进行检验，检验结果应符合《钢筋套筒灌浆连接应用技术规程》JGJ355 第 3.1.3 条的有关规定。 检查数量：同一成分、同一批号的灌浆料，不超过 50 t 为一批，每批按现行行业标准《钢筋连接用套筒灌浆料》JG/T408 的有关规定随机抽取灌浆料制作试件。 检验方法：检查质量证明文件和抽样检验报告。 3. 灌浆套筒进厂（场）时，应抽取灌浆套筒并采用与之匹配的灌浆料制作对中连接接头试件，并进行抗拉强度检验，检验结果均应符合《钢筋套筒灌浆连接应用技术规程》JGJ355 第 3.2.2 条的有关规定。 检查数量：同一批号、同一类型、同一规格的灌浆套筒，不超过 1000 个为一批，每批随机抽取 3 个灌浆套筒制作对中连接接头试件。 检验方法：检查质量证明文件和抽样检验报告。
243	5.1.9	质量管理资料	建设、施工、监理单位	预应力混凝土钢绞线、锚具、夹具	《混凝土结构通用规范》（GB55008—2021)5.3.2	锚具或连接器进场时，应检验其静载锚固性能。锚具或连接器、锚垫板和局部加强钢筋组成的锚固系统，在规定的结构实体中，应能可靠传递预加力。
					《混凝土结构工程施工质量验收规范》（GB50204—2015）6.2.2、6.2.3、6.2.6、6.2.7	1. 预应力钢绞线进场时，应进行防腐润滑脂量和护套厚度的检验，检验结果应符合现行行业标准《无粘结预应力钢绞线》JG161 的规定。经观察认为涂包质量有保证时，无粘结预应力筋可不作油脂量和护套厚度的抽样检验。 2. 预应力筋用锚具应和锚垫板、局部加强钢筋配套使用，锚具、夹具和连接器进场时，应按现行行业标准《预应力筋用锚具、夹具和连接器应用技术规程》JGJ85 的相关规定对其性能进行检验，检验结果应符合该标准的规定。锚具、夹具和连接器用量不足检验批规定数量的 50%，且供货方提供有效的试验报告时，可不作静载锚固性能试验。 3. 预应力筋进场时，应进行外观检查，其外观质量应符合下列规定： （1）有粘结预应力筋的表面不应有裂纹、小刺、机械损伤、氧化铁皮和油污等，展开后应平顺、不应有弯折； （2）无粘结预应力钢绞线护套应光滑、无裂缝，无明显褶皱；轻微破损处应外包防水塑料胶带修补，严重破损者不得使用。 4. 预应力筋用锚具、夹具和连接器进场时，应进行外观检查，其表面应无污物、锈蚀、机械损伤和裂纹。

序号	编号	类别	实施对象	实施条款	实施依据	实施内容
244	5.1.10	质量管理资料	建设、施工、监理单位	防水材料	《地下防水工程质量验收规范》（GB50208—2011）3.0.7	防水材料的进场验收应符合下列规定： 1. 对材料的外观、品种、规格、包装、尺寸和数量等进行检查验收，并经监理单位或建设单位代表检查确认，形成相应验收记录； 2. 对材料的质量证明文件进行检查，并经监理单位或建设单位代表检查确认，纳入工程技术档案； 3. 材料进场后应按《地下防水工程质量验收规范》GB50208 附录 A 和附录 B 的规定抽样检验，检验应执行见证取样送检制度，并出具材料进场检验报告； 4. 材料的物理性能检验项目全部指标达到标准规定时，即为合格；若有一项指标不符合标准规定，应在受检产品中重新取样进行该项指标复验，复验结果符合标准规定，则判定该批材料为合格。
					《屋面工程质量验收规范》（GB50207—2012）3.0.7	防水材料进场验收应符合下列规定： 1. 应根据设计要求对材料的质量证明文件进行检查，并应经监理工程师或建设单位代表确认，纳入工程技术档案； 2. 应对材料的品种、规格、包装、外观和尺寸等进行检查验收，并应经监理工程师或建设单位代表确认，形成相应验收记录； 3. 防水材料进场检验项目及材料标准应符合《屋面工程质量验收规范》GB50207 附录 A 和附录 B 的规定。材料进场检验应执行见证取样送检制度，并应提出进场检验报告； 4. 进场检验报告的全部项目指标均达到技术标准规定应为合格；不合格材料不得在工程中使用。
245	5.1.11	质量管理资料	建设、施工、监理单位	门窗	《建筑装饰装修工程质量验收标准》（GB50210—2018）6.1.2、6.1.3	1. 门窗工程验收时应检查下列文件和记录： （1）门窗工程的施工图、设计说明及其他设计文件； （2）材料的产品合格证书、性能检验报告、进场验收记录和复验报告； （3）特种门及其配件的生产许可文件； （4）隐蔽工程验收记录； （5）施工记录。 2. 门窗工程应对下列材料及其性能指标进行复验： （1）人造木板门的甲醛释放量； （2）建筑外窗的气密性能、水密性能和抗风压性能。
					《建筑节能与可再生能源利用通用规范》（55015—2021）6.2.3	门窗（包括天窗）节能工程使用的材料、构件和设备进场时，除核查质量证明文件、节能性能标识证书、门窗节能性能计算书及复验报告外，还应对下列内容进行复验： 1. 严寒、寒冷地区门窗的传热系数及气密性能。

序号	编号	类别	实施对象	实施条款	实施依据	实施内容
						2. 夏热冬冷地区门窗的传热系数、气密性能，玻璃的太阳得热系数及可见光透射比。 3. 夏热冬暖地区门窗的气密性能，玻璃的太阳得热系数及可见光透射比。 4. 严寒、寒冷、夏热冬冷和夏热冬暖地区透光、部分透光遮阳材料的太阳光透射比、太阳光反射比及中空玻璃的密封性能。
					《建筑节能工程施工质量验收规范》（GB50411—2019）6.1.2、6.2.2	1. 门窗节能工程应优先选用具有国家建筑门窗节能性能标识的产品。当门窗采用隔热型材时，应提供隔热型材所使用的隔断热桥材料的物理力学性能检测报告。 2. 门窗工程应对门窗保温性能进行见证取样和送检。
246	5.1.12	质量管理资料	建设、施工、监理单位	外墙外保温系统的组成材料	《建筑节能与可再生能源利用通用规范》（55015—2021）6.2.1	墙体、屋面和地面节能工程采用的材料、构件和设备施工进场复验应包括以下内容： 1. 保温隔热材料的导热系数或热阻、密度、压缩强度或抗压强度、吸水率、燃烧性能（不燃材料除外）及垂直于板面方向的抗拉强度（仅限墙体）。 2. 复合保温板等墙体节能定型产品的传热系数或热阻、单位面积质量、拉伸粘接强度及燃烧性能（不燃材料除外）。 3. 保温砌块等墙体节能定型产品的传热系数或热阻、抗压强度和吸水率。 4. 墙体及屋面反射隔热材料太阳光反射比及半球发射率。 5. 墙体粘接材料的拉伸粘接强度。 6. 墙体抹面材料的拉伸粘接强度及压折比。 7. 墙体增强网的力学性能及抗腐蚀性能。
					《建筑节能工程施工质量验收规范》（GB50411—2019）4.2.1、4.2.2	1. 墙体节能工程使用的材料、构件应进行进场验收，验收结果应经监理工程师检查认可，且应形成相应的验收记录。各种材料和构件的质量证明文件与相关技术资料应齐全，并应符合设计要求和国家现行有关标准的规定。 2. 墙体节能工程使用的材料、产品进场时，应对其下列性能进行复验，复验应为见证取样检验： （1）保温隔热材料的导热系数或热阻、密度、压缩强度或抗压强度、垂直于板面方向的抗拉强度、吸水率、燃烧性能（不燃材料除外）； （2）复合保温板等墙体节能定型产品的传热系数或热阻、单位面积质量、拉伸粘结强度、燃烧性能（不燃材料除外）； （3）保温砌块等墙体节能定型产品的传热系数或热阻、抗压强度、吸水率； （4）反射隔热材料的太阳光反射比，半球发射率； （5）粘结材料的拉伸粘结强度； （6）抹面材料的拉伸粘结强度、压折比； （7）增强网的力学性能、抗腐蚀性能。

序号	编号	类别	实施对象	实施条款	实施依据	实施内容
247	5.1.13	质量管理资料	建设、施工、监理单位	装饰装修工程材料	《建筑装饰装修工程质量验收标准》（GB50210—2018）3.2.4	建筑装饰装修工程采用的材料、构配件应按进场批次进行检验。属于同一工程项目且同期施工的多个单位工程，对同一厂家生产的同批材料、构配件、器具及半成品，可统一划分检验批对品种、规格、外观和尺寸等进行验收，包装应完好，并应有产品合格证书、中文说明书及性能检验报告，进口产品应按规定进行商品检验。
248	5.1.14	质量管理资料	建设、施工、监理单位	幕墙工程的组成材料	《建筑装饰装修工程质量验收标准》（GB50210—2018）11.1.2	幕墙工程验收时应检查下列文件和记录： 1. 幕墙工程的施工图、结构计算书、热工性能计算书、设计变更文件、设计说明及其他设计文件； 2. 建筑设计单位对幕墙工程设计的确认文件； 3. 幕墙工程所用材料、构件、组件、紧固件及其他附件的产品合格证书、性能检验报告、进场验收记录和复验报告； 4. 幕墙工程所用硅酮结构胶的抽查合格证明；国家批准的检测机构出具的硅酮结构胶相容性和剥离粘结性检验报告；石材用密封胶的耐污染性检验报告； 5. 后置埋件和槽式预埋件的现场拉拔力检验报告； 6. 封闭式幕墙的气密性能、水密性能、抗风压性能及层间变形性能检验报告； 7. 注胶、养护环境的温度、湿度记录；双组分硅酮结构胶的混匀性试验记录及拉断试验记录； 8. 幕墙与主体结构防雷接地点之间的电阻检测记录； 9. 隐蔽工程验收记录； 10. 幕墙构件、组件和面板的加工制作检验记录； 11. 幕墙安装施工记录； 12. 张拉杆索体系预拉力张拉记录； 13. 现场淋水检验记录。
					《建筑节能工程施工质量验收规范》（GB50411—2019）5.1.3、5.2.2	1. 当幕墙采用隔热型材时，应提供隔热型材所使用的隔断热桥材料的物理力学性能检测报告。 2. 对幕墙节能性能按标准要求进行见证取样和送检。
249	5.1.15	质量管理资料	施工单位	低压配电系统使用的电缆、电线	《建筑电气工程施工质量验收规范》（GB50303—2015）3.2.2、3.2.4、3.2.5	1. 电气工程所使用的电缆、电线型号、规格应符合设计要求。 2. 电缆、电线进场时应有许可证编号或CCC认证标志，并应抽查生产许可证或CCC认证证书的认证范围、有效性及真实性。 3. 电缆、电线进场时应提供产品合格证、性能检测报告，进口电缆还应提供商检证明及安装、使用、试验要求和说明等技术文件。 4. 在对电缆、电线做抽样检测时，检测项目应包含对导体电阻值的检测，检测数量为同厂家各种规格总数的10%，且不少于2个规格。

序号	编号	类别	实施对象	实施条款	实施依据	实施内容
250	5.1.16	质量管理资料	建设、施工、监理单位	空调与采暖系统冷热源及管网节能工程采用的绝热管道、绝热材料	《建筑节能工程施工质量验收标准》（GB50411—2019）11.2.1、11.2.2	1. 空调与供暖系统使用的冷热源设备及其辅助设备、自控阀门、仪表、绝热材料等产品应进行进场验收，并应对相关产品的技术性能参数和功能进行核查。验收与核查的结果应经监理工程师检查认可，且应形成相应的验收记录。各项材料和设备的质量证明文件与相关技术资料应齐全，并应符合设计要求和国家现行有关标准的规定。绝热材料的检查项目为导热系数、密度、厚度、吸水率。 2. 空调与供暖系统冷热源及管网节能工程的预制绝热管道、绝热材料进场时，应对绝热材料的导热系数或热阻、密度、吸水率等性能进行复验，复验应为见证取样检验。同厂家、同材质的绝热材料，复验次数不得少于2次。
251	5.1.16	质量管理资料	建设、施工、监理单位	空调与采暖系统冷热源设备及阀门、仪表	《建筑节能工程施工质量验收标准》（GB50411—2019）11.2.1	空调与供暖系统使用的冷热源设备及其辅助设备、自控阀门、仪表等产品应进行进场验收，并应对相关产品的技术性能参数和功能进行核查。验收与核查的结果应经监理工程师检查认可，且应形成相应的验收记录。各项材料和设备的质量证明文件与相关技术资料应齐全，并应符合设计要求和国家现行有关标准的规定。
252	5.1.17	质量管理资料	建设、施工、监理单位	采暖通风空调系统节能工程采用的散热器、绝热材料、风机盘管	《建筑节能工程施工质量验收标准》（GB50411—2019）3.2.3~4、9.2.1 《建筑节能与可再生能源利用通用规范》（GB55015-2021）6.3.1	1. 在同一工程项目中，同厂家、同类型、同规格的节能材料、构件和设备，当获得建筑节能产品认证、具有节能标识或连续三次见证取样检验均一次检验合格时，其检验批容量可扩大一倍，且仅可扩大一倍。扩大检验批后的检验中出现不合格情况时，应按扩大前的检验批重新验收，且该产品不得再次扩大检验批容量。 2. 供暖节能工程使用的散热设备、热计量装置、温度调控装置、自控阀门、仪表、保温材料等产品应进行进场验收，验收结果应经监理工程师检查认可，并形成相应的验收记录。各种材料和设备的质量证明文件与相关技术资料应齐全，并应符合设计要求和国家现行相关标准规定。 3. 供暖通风空调系统节能工程采用的材料、构件和设备施工进场复验应包括下列内容： （1）散热器的单位散热量、金属热强度； （2）风机盘管机组的供冷量、供热量、风量、水阻力、功率及噪声； （3）绝热材料的导热系数或热阻、密度、吸水率。
253	5.1.18	质量管理资料	建设、施工、监理单位	防烟、排烟系统柔性短管	《建筑防烟排烟系统技术标准》（GB51251—2017）6.2.2~3	防烟、排烟系统柔性短管的制作材料必须为不燃材料。

序号	编号	类别	实施对象	实施条款	实施依据	实施内容
					《通风与空调工程施工质量验收规范》（GB50243—2016）3.0.3、5.2.7、5.1.1	1. 通风与空调工程所使用的主要原材料、成品、半成品和设备的材质、规格及性能应符合设计文件和国家现行标准的规定，不得采用国家明令禁止使用或淘汰的材料与设备。主要原材料、成品、半成品和设备的进场验收应符合下列规定： （1）进场质量验收应经监理工程师或建设单位相关责任人确认，并应形成相应的书面记录； （2）进口材料与设备应提供有效的商检合格证明、中文质量证明等文件。 2. 防烟、排烟系统柔性短管的制作材料必须为不燃材料，应具有产品合格质量证明文件和相应的技术资料。
254	5.2	施工试验检测资料				
255	5.2.1	质量管理资料	建设、施工、监理单位	复合地基承载力检验报告及桩身完整性检验报告	《建筑地基基础工程施工质量验收标准》（GB50202—2018）4.1.5、4.1.6	1. 砂石桩、高压喷射注浆桩、水泥土搅拌桩、土和灰土挤密桩、水泥粉煤灰碎石桩、夯实水泥土桩等复合地基的承载力必须达到设计要求。复合地基承载力的检验数量不应少于总桩数的0.5%，且不应少于3点。有单桩承载力或桩身强度检验要求时，检验数量不应少于总桩数的0.5%，且不应少于3根。 2. 复合地基中增强体的检验数量不应少于总数的20%。
256	5.2.2	质量管理资料	建设、施工、监理单位	工程桩承载力及桩身完整性检验报告	《建筑与市政地基基础通用规范》（GB55003—2021）5.1.3、5.4.3	1. 工程桩应进行承载力与桩身质量检验。 2. 桩基工程施工验收检验，应符合下列规定： （1）施工完成后的工程桩应进行竖向承载力检验，承受水平力较大的桩应进行水平承载力检验，抗拔桩应进行抗拔承载力检验； （2）灌注桩应对孔深、桩径、桩位偏差、桩身完整性进行检验，嵌岩桩应对桩端的岩性进行检验，灌注桩混凝土强度检验的试件应在施工现场随机留取； （3）混凝土预制桩应对桩位偏差、桩身完整性进行检验； （4）钢桩应对桩位偏差、断面尺寸、桩长和失高进行检验； （5）人工挖孔桩终孔时，应进行桩端持力层检验； （6）单柱单桩的大直径嵌岩桩应视岩性检验孔底下3倍桩身直径或5 m深度范围内有无溶洞、破碎带或软弱夹层等不良地质条件。

序号	编号	类别	实施对象	实施条款	实施依据	实施内容
					《建筑地基基础工程施工质量验收标准》（GB50202—2018）5.1.5-5.1.7	1. 工程桩应进行承载力和桩身完整性检验。 2. 设计等级为甲级或地质条件复杂时，应采用静载试验的方法对桩基承载力进行检验，检验桩数不应少于总桩数的1%，且不应少于3根，当总桩数少于50根时，不应少于2根。在有经验和对比资料的地区，设计等级为乙级、丙级的桩基可采用高应变法对桩基进行竖向抗压承载力检测，检测数量不应少于总桩数的5%，且不应少于10根。 3. 工程桩的桩身完整性的抽检数量不应少于总桩数的20%，且不应少于10根。每根柱子承台下的桩抽检数量不应少于1根。
					《建筑桩基技术规范（JGJ94—2008）9.4.3-9.4.6	1. 有下列情况之一的桩基工程，应采用静荷载试验对工程桩单桩竖向承载力进行检测，检测数量应根据桩基设计等级、施工前取得试验数据的可靠性因素，按现行行业标准《建筑基桩检测技术规范》JGJ106确定： （1）工程施工前已进行单桩静载试验，但施工过程变更了工艺参数或施工质量出现异常时； （2）施工前工程未按本规范第5.3.1条规定进行单桩静载试验的工程； （3）地质条件复杂、桩的施工质量可靠性低； （4）采用新桩型或新工艺。 2. 有下列情况之一的桩基工程，可采用高应变动测法对工程桩单桩竖向承载力进行检测： （1）除本规范第9.4.3条规定条件外的桩基； （2）设计等级为甲、乙级的建筑桩基静载试验检测的辅助检测。 3. 桩身质量除对预留混凝土试件进行强度等级检验外，尚应进行现场检测。检测方法可采用可靠的动测法，对于大直径桩还可采取钻芯法、声波透射法；检测数量可根据现行行业标准《建筑基桩检测技术规范》JGJ106确定。 4. 对专用抗拔桩和对水平承载力有特殊要求的桩基工程，应进行单桩抗拔静载试验和水平静载试验检测。
257	5.2.3	质量管理资料	建设、施工、监理单位	混凝土、砂浆抗压强度试验报告及统计评定	《混凝土结构工程施工质量验收规范（GB50204—2015）7.1.1、附录C.0.2、附录C.0.3、	1. 混凝土强度应按现行国家标准《混凝土强度检验评定标准》GB/T50107的规定分批检验评定。划入同一检验批的混凝土，其施工持续时间不宜超过3个月。检验评定混凝土强度时，应采用28d或设计规定龄期的标准养护试件。试件成型方法及标准养护条件应符合现行国家标准《普通混凝土力学性能试验方法标准》GB/T50081的规定。采用蒸汽养护的构件，其试件应先随构件同条件养护，然后再置入标准养护条件下继续养护至28 d或设计规定龄期。 2. 每组同条件养护试件的强度值应根据强度试验结果按现行国家标准《普通混凝土力学性能试验方法标准》GB/T50081的规定确定。

序号	编号	类别	实施对象	实施条款	实施依据	实施内容
						3. 对同一强度等级的同条件养护试件，其强度值应除以 0.88 后按现行国家标准《混凝土强度检验评定标准》GB/T50107 的有关规定进行评定，评定结果符合要求时可判结构实体混凝土强度合格。 4. 混凝土试件强度评定不合格时，可采用非破损或局部破损的检测方法，并按国家现行有关标准的规定对结构构件中的混凝土强度进行推定，并按照本规范第 10.2.2 条的规定进行处理。
					《砌体结构工程施工质量验收规范》（GB50203—2011）4.0.12	砌筑砂浆试块强度验收时其强度合格标准应符合下列规定： 1. 同一验收批砂浆试块强度平均值应大于或等于设计强度等级值的 1.10 倍； 2. 同一验收批砂浆试块抗压强度的最小一组平均值应大于或等于设计强度等级值的 85%。 注： 1. 砌筑砂浆的验收批，同一类型、强度等级的砂浆试块不应少于 3 组；同一验收批砂浆只有 1 组或 2 组试块时，每组试块抗压强度平均值应大于或等于设计强度等级值的 1.10 倍；对于建筑结构的安全等级为一级或设计使用年限为 50 年及以上的房屋，同一验收批砂浆试块的数量不得少于 3 组； 2. 砂浆强度应以标准养护，28 d 龄期的试块抗压强度为准； 3. 制作砂浆试块的砂浆稠度应与配合比设计一致。
258	5.2.4	质量管理资料	建设、施工、监理单位	钢筋焊接、机械连接工艺试验报告	《钢筋焊接及验收规程》（JGJ18—2012）5.1.6	应检查钢筋、钢板质量证明书、焊接材料产品合格证和焊接工艺试验时的接头力学性能实验报告。
					《钢筋机械连接技术规程》（JGJ107—2016）6.1.2、7.0.2	1. 钢筋丝头加工与安装应经工艺检验合格后方可进行。 2. 接头工艺检验应针对不同钢筋生产厂的钢筋进行，施工过程中更换钢筋生产厂或接头技术提供单位时，应补充进行工艺检验。工艺检验应符合下列规定： （1）各种类型和型式接头都应进行工艺检验，检验项目包括单向拉伸极限抗拉强度和残余变形； （2）每种规格钢筋接头试件不应少于 3 根； （3）接头试件测量残余变形后可继续进行极限抗拉强度试验，并宜按《钢筋机械连接技术规程》JGJ107 表 A.1.3 中单向拉伸加载制度进行试验； （4）工艺检验不合格时，应进行工艺参数调整，合格后方可按最终确认的工艺参数进行接头批量加工。

序号	编号	类别	实施对象	实施条款	实施依据	实施内容
259	5.2.5	质量管理资料	建设、施工、监理单位	钢筋焊接连接、机械连接试验报告	《混凝土结构工程施工质量验收规范》（GB50204—2015）5.4.2	钢筋采用机械连接或焊接连接时，钢筋机械连接接头、焊接接头的力学性能、弯曲性能应符合国家现行有关标准的规定。接头试件应从工程实体中截取。 检查数量：按现行行业标准《钢筋机械连接技术规程》JGJ107和《钢筋焊接及验收规程》JGJ18的规定确定。 检验方法：检查质量证明文件和抽样检验报告。
260	5.2.6	质量管理资料	建设、施工、监理单位	钢结构焊接工艺评定报告、焊缝内部缺陷检测报告	《钢结构通用规范》（GB55006—2021）7.2.2、7.2.3	1. 首次采用的钢材、焊接材料、焊接方法、接头形式、焊接位置、焊后热处理制度以及焊接工艺参数、预热和后热措施等各种参数的组合条件，应在钢结构构件制作及安装施工之前按照规定程序进行焊接工艺评定，并制定焊接操作规程，焊接施工过程应遵守焊接操作规程规定； 2. 全部焊缝应进行外观检查。要求全焊透的一级、二级焊缝应进行内部缺陷无损检测，一级焊缝探伤比例应为100%，二级焊缝探伤比例应不低于20%。
261	5.2.7	质量管理资料	建设、施工、监理单位	高强度螺栓连接摩擦面的抗滑移系数试验报告	《钢结构通用规范》（GB55006—2021）7.1.3	高强度螺栓连接处的钢板表面处理方法与除锈等级应符合设计文件要求。摩擦型高强度螺栓连接摩擦面处理后应分别进行抗滑移系数试验和复验，其结果应达到设计文件中关于抗滑移系数的指标要求。
262	5.2.8	质量管理资料	建设、施工、监理单位	地基、房心或肥槽回填土回填检验报告	《建筑地基基础工程施工质量验收标准》（GB50202—2018）9.5.2、9.5.3	1. 施工中应检查排水系统，每层填筑厚度、辗迹重叠程度、含水量控制、回填土有机质含量、压实系数等。回填施工的压实系数应满足设计要求。当采用分层回填时，应在下层的压实系数经试验合格后进行上层施工。填筑厚度及压实遍数应根据土质、压实系数及压实机具确定。 2. 施工结束后，应进行标高及压实系数检验。
263	5.2.9	质量管理资料	建设、施工、监理单位	沉降观测报告	《建筑工程施工质量验收统一标准》（GB50300—2013）3.0.7	建筑工程施工质量验收合格应符合下列规定： 1. 符合工程勘察、设计文件的要求； 2. 符合本标准和相关专业验收规范的规定。
					《建筑变形测量规范》（JGJ8—2016）3.1.1	下列建筑在施工期间和使用期间应进行变形测量： 1. 地基基础设计等级为甲级的建筑； 2. 软弱地基上的地基基础设计等级为乙级的建筑； 3. 加层、扩建建筑或处理地基上的建筑； 4. 受邻近施工影响或受场地地下水等环境因素变化影响的建筑； 5. 采用新型基础或新型结构的建筑； 6. 大型城市基础设施； 7. 体型狭长且地基土变化明显的建筑。

序号	编号	类别	实施对象	实施条款	实施依据	实施内容
264	5.2.10	质量管理资料	建设、施工、监理单位	填充墙砌体植筋锚固力检测报告	《砌体结构工程施工质量验收规范》（GB50203—2011）9.2.3	填充墙与承重墙、柱、梁的连接钢筋，当采用化学植筋的连接方式时，应进行实体检测。锚固钢筋拉拔试验的轴向受拉非破坏承载力检验值应为 6.0 kN。抽检钢筋在检验值作用下应基材无裂缝、钢筋无滑移宏观裂损现象；持荷 2 min 期间荷载值降低不大于 5%。
265	5.2.11	质量管理资料	建设、施工、监理单位	结构实体检验报告	《混凝土结构工程施工质量验收规范》（GB50204—2015）10.1.1—10.1.3	1. 对涉及混凝土结构安全的有代表性的部位应进行结构实体检验。结构实体检验应包括混凝土强度、钢筋保护层厚度、结构位置与尺寸偏差以及合同约定的项目；必要时可检验其他项目。结构实体检验应由监理单位组织施工单位实施，并见证实施过程。施工单位应制定结构实体检验专项方案，并经监理单位审核批准后实施。除结构位置与尺寸偏差外的结构实体检验项目，应由具有相应资质的检测机构完成。2. 结构实体混凝土强度应按不同强度等级分别检验，检验方法宜采用同条件养护试件方法；当未取得同条件养护试件强度或同条件养护试件强度不符合要求时，可采用回弹－取芯法进行检验。结构实体混凝土同条件养护试件强度检验应符合本规范附录 C 的规定；结构实体混凝土回弹－取芯法强度检验应符合本规范附录 D 的规定。混凝土强度检验时的等效养护龄期可取日平均温度逐日累计达到 600℃·d 时所对应的龄期，且不应小于 14 d。日平均温度为 0℃及以下的龄期不计入。对于设计规定标准养护试件验收龄期大于 28 d 的大体积混凝土，混凝土实体强度检验的等效养护龄期也应相应按比例延长，如规定龄期为 60 d 时，等效养护龄期的度日积为 1200℃·d。冬期施工时，等效养护龄期计算时温度可取结构构件实际养护温度，也可根据结构构件的实际养护条件，按照同条件养护试件强度与在标准养护条件下 28 d 龄期试件强度相等的原则由监理、施工等各方共同确定。3. 钢筋保护层厚度的检验，可采用非破损或局部破损的方法，也可采用非破损方法并用局部破损方法进行校准。
266	5.2.12	质量管理资料	建设、施工、监理单位	外墙外保温系统型式检验报告	《建筑节能工程施工质量验收规范》（GB50411—2019）4.2.3	外墙外保温工程应由同一供应商提供配套的组成材料和型式检验报告，型式检验报告应包括耐候性和抗风压性能检验项目以及配套组成材料的名称、生产单位、规格型号及主要性能参数。

序号	编号	类别	实施对象	实施条款	实施依据	实施内容
267	5.2.13	质量管理资料	建设、施工、监理单位	外墙外保温粘贴强度、锚固力现场拉拔试验报告	《建筑节能工程施工质量验收规范》（GB50411—2019）4.2.7	1. 保温板材与基层之间及各构造层之间的粘结或连接必须牢固。保温板材与基层的连接方式、拉伸粘结强度和粘结面积比应符合设计要求。保温板材与基层之间的拉伸粘结强度应进行现场拉拔试验，且不得在界面破坏。粘结面积比应进行剥离检验。 2. 当保温层采用锚固件固定时，锚固件数量、位置、锚固深度、胶结材料性能和锚固力应符合设计和施工方案的要求；保温装饰板的锚固件应使其装饰面板可靠固定；锚固力应做现场拉拔试验。
268	5.2.14	质量管理资料	建设、施工、监理单位	外窗的性能检测报告	《建筑装饰装修工程质量验收标准》（GB50210—2018）6.1.3	建筑外窗的气密性能、水密性能和抗风压性能应进行复验。
					《建筑节能与可再生能源利用通用规范》（55015—2021）6.2.3	门窗（包括天窗）节能工程使用的材料、构件和设备进场时，除核查质量证明文件、节能性能标识证书、门窗节能性能计算书及复验报告外，还应对下列内容进行复验： 1. 严寒、寒冷地区门窗的传热系数及气密性能。 2. 夏热冬冷地区门窗的传热系数、气密性能，玻璃的太阳得热系数及可见光透射比。 3. 夏热冬暖地区门窗的气密性能，玻璃的太阳得热系数及可见光透射比。 4. 严寒、寒冷、夏热冬冷和夏热冬暖地区透光、部分透光遮阳材料的太阳光透射比、太阳光反射比及中空玻璃的密封性能。
					青建质监字〔2019〕30号《关于进一步加强建筑工程外窗质量管理的通知》	外窗安装完成后建设单位委托第三方检测机构对气密性能做现场实体检验，对水密性能做验收抽样检测。
269	5.2.15	质量管理资料	建设、施工、监理单位	幕墙的性能检测报告	《建筑装饰装修工程质量验收标准》（GB50210—2018）11.1.2	检查封闭式幕墙的气密性能、水密性能、抗风压性能、层间变形性能检验报告。
270	5.2.16	质量管理资料	建设、施工、监理单位	饰面板后置埋件的现场拉拔试验报告	《建筑装饰装修工程质量验收标准》（GB50210—2018）9.1.2	饰面板工程验收时应检查下列文件和记录： 1. 饰面板工程的施工图、设计说明及其他设计文件； 2. 材料的产品合格证书、性能检验报告、进场验收记录和复验报告； 3. 后置埋件的现场拉拔检验报告； 4. 满粘法施工的外墙石板和外墙陶瓷板粘结强度检验报告； 5. 隐蔽工程验收记录； 6. 施工记录。

序号	编号	类别	实施对象	实施条款	实施依据	实施内容
271	5.2.17	质量管理资料	建设、施工、监理单位	室内环境污染物浓度检测报告	《民用建筑工程室内环境污染控制规范》（GB50325—2010）6.0.4	民用建筑工程验收时，必须进行室内环境污染物浓度检测，其限量符合《民用建筑工程室内环境污染控制规范》GB50325 表 6.0.4 的规定。
272	增24	质量管理资料	建设、施工、监理单位	幕墙后置埋件和槽式预埋件的现场拉拔力检验报告	《建筑装饰装修工程质量验收标准》（GB50210—2018）11.1.2	幕墙工程验收时应检查下列文件和记录： 1. 幕墙工程的施工图、结构计算书、热工性能计算书、设计变更文件、设计说明及其他设计文件； 2. 建筑设计单位对幕墙工程设计的确认文件； 3. 幕墙工程所用材料、构件、组件、紧固件及其他附件的产品合格证书、性能检验报告、进场验收记录和复验报告； 4. 幕墙工程所用硅酮结构胶的抽查合格证明；国家批准的检测机构出具的硅酮结构胶相容性和剥离粘结性检验报告；石材用密封胶的耐污染性检验报告； 5. 后置埋件和槽式预埋件的现场拉拔力检验报告； 6. 封闭式幕墙的气密性能、水密性能、抗风压性能及层间变形性能检验报告； 7. 注胶、养护环境的温度、湿度记录；双组分硅酮结构胶的混匀性试验记录及拉断试验记录； 8. 幕墙与主体结构防雷接地点之间的电阻检测记录； 9. 隐蔽工程验收记录； 10. 幕墙构件、组件和面板的加工制作检验记录； 11. 幕墙安装施工记录； 12. 张拉杆索体系预拉力张拉记录； 13. 现场淋水检验记录。
273	增25	质量管理资料	建设、施工、监理单位	屋面工程所用材料质量证明文件相关要求	《屋面工程质量验收规范》（GB50207—2012）3.0.6	屋面工程所用的防水、保温材料应有产品合格证书和性能检测报告，材料的品种、规格、性能等必须符合国家现行产品标准和设计要求。产品质量应由经过省级以上建设行政主管部门对其资质认可和质量技术监督部门对其计量认证的质量检测单位进行检测。
274	增26	质量管理资料	建设、施工、监理单位	屋面蓄水记录	《屋面工程质量验收规范》（GB50207—2012）3.0.12	屋面防水工程完工后，应进行观感质量检查和雨后观察或淋水、蓄水试验，不得有渗漏和积水现象。
275	5.2.18	质量管理资料	建设、施工、监理单位	风管强度及严密性检测报告	《通风与空调工程施工质量验收规范》（GB50243—2016）C.1.1、C.1.2、C.1.3、C.1.4、C.1.5、C.3.4	1. 风管应根据设计和《通风与空调工程施工质量验收规范》GB50243 要求，进行风管强度及严密性的测试。 2. 风管强度应满足微压和低压风管在 1.5 倍的工作压力，中压风管在 1.2 倍的工作压力且不低于 750 Pa，高压风管在 1.2 倍的工作压力下，保持 5 min 及以上，接缝处无开裂，整体结构无永久性的变形及损伤为合格。

序号	编号	类别	实施对象	实施条款	实施依据	实施内容
						3. 风管的严密性测试应分为观感质量检验与漏风量检测。观感质量检验可应用于微压风管，也可作为其他压力风管工艺质量的检验，结构严密与无明显穿透的缝隙和孔洞应为合格。漏风量检测应为在规定工作压力下，对风管系统漏风量的测定和验证，漏风量不大于规定值应为合格。系统风管漏风量的检测，应以总管和干管为主，宜采用分段检测，汇总综合分析的方法。检验样本风管宜为 3 节及以上组成，且总表面积不应少于 15 m²。 4. 测试的仪器应在检验合格的有效期内。测试方法应符合《通风与空调工程施工质量验收规范》GB50243 要求。 5. 净化空调系统风管漏风量测试时，高压风管和空气洁净度等级为 1 级～5 级的系统应按高压风管进行检测，工作压力不大于 1500 Pa 的 6 级～9 级的系统应按中压风管进行检测。 6. 漏风量测定一般应为系统规定的工作压力（最大运行压力）下的实测值。特殊条件下，也可用相近或大于规定压力下的测试代替，漏风量可按下式计算： $$Q_0 = Q\,(P_0/P)^{0.65}$$ 式中： Q_0——规定压力下的漏风量〔m³/(h·m²)〕； Q——测试的漏风量〔m³/(h·m²)〕； P_0——风管系统测试的规定工作压力（Pa）； P——测试的压力（Pa）。
276	5.2.19	质量管理资料	建设、施工、监理单位	管道系统强度及严密性试验报告	《通风与空调工程施工质量验收规范》（GB50243—2016）9.2.2-1、9.2.3	1. 隐蔽安装部位的管道安装完成后，应在水压试验合格后方能交付隐蔽工程的施工。 2. 管道系统安装完毕、外观检查合格后，应按设计要求进行水压试验。当设计无要求时，应符合下列规定： （1）冷（热）水、冷却水与蓄能（冷、热）系统的试验压力，当工作压力小于或等于 1.0 MPa 时，应为 1.5 倍工作压力，最低不应小于 0.6 MPa；当工作压力大于 1.0 MPa 时，应为工作压力加 0.5 MPa； （2）系统最低点压力升至试验压力后，应稳压 10 min，压力下降不应大于 0.02 MPa，然后将系统压力降至工作压力，外观检查无渗漏为合格。对于大型、高层建筑等垂直位差较大的冷（热）水、冷却水管道系统，当采用分区、分层试压时，在该部位的试验压力下，应稳压 10 min，压力不得下降，再将系统压力降至该部位的工作压力，在 60 min 内压力不得下降、外观检查无渗漏为合格； （3）各类耐压塑料管的强度试验压力（冷水）应为 1.5 倍工作压力，且不应小于 0.9 MPa；严密性试验压力应为 1.15 倍的设计工作压力； （4）凝结水系统采用通水试验，应以不渗漏，排水畅通为合格。

序号	编号	类别	实施对象	实施条款	实施依据	实施内容
277	5.2.20	质量管理资料	建设、施工、监理单位	风管系统漏风量、总风量、风口风量测试报告	《通风与空调工程施工质量验收规范》（GB50243—2016）C.1.3、C.1.4、C.1.5、C.3.4、11.2.3-1、11.2.5-1、11.3.2-1	1. 漏风量： （1）风管的严密性测试应分为观感质量检验与漏风量检测。观感质量检验可应用于微压风管，也可作为其他压力风管工艺质量的检验，结构严密与无明显穿透的缝隙和孔洞应为合格。漏风量检测应为在规定工作压力下，对风管系统漏风量的测定和验证，漏风量不大于规定值应为合格。系统风管漏风量的检测，应以总管和干管为主，宜采用分段检测，汇总综合分析的方法。检验样本风管宜为3节及以上组成，且总表面积不应少于15 m^2。 （2）测试的仪器应在检验合格的有效期内。测试方法应符合《通风与空调工程施工质量验收规范》GB50243 要求。 （3）净化空调系统风管漏风量测试时，高压风管和空气洁净度等级为1～5级的系统应按高压风管进行检测，工作压力不大于1500 Pa的6～9级的系统应按中压风管进行检测。 （4）漏风量测定一般应为系统规定的工作压力（最大运行压力）下的实测值。特殊条件下，也可用相近或大于规定压力下的测试代替，漏风量可按下式计算： $$Q_0=Q（P_0/P）^{0.65}$$ 式中： Q_0—规定压力下的漏风量 [$m^3/（h·m^2）$]； Q—测试的漏风量 [$m^3/（h·m^2）$]； P_0—风管系统测试的规定工作压力（Pa）； P—测试的压力（Pa）。 2. 风口风量： （1）通风系统非设计满负荷条件下的联合试运行及调试应符合下列规定：系统经过风量平衡调整，各风口及吸风罩的风量与设计风量的允许偏差不应大于15%。 （2）净化空调系统除应符合《通风与空调工程施工质量验收规范》GB50243 第11.2.3 条的规定外，尚应符合下列规定：单向流洁净室系统的系统总风量允许偏差应为0～+10%，室内各风口风量的允许偏差应为0～+15%。 3. 总风量： 系统非设计满负荷条件下的联合试运转及调试应符合下列规定：系统总风量调试结果和设计风量的允许偏差应为–5%～+10%，建筑内各区域的压差应符合设计要求。
					《建筑节能工程施工质量验收标准》（GB50411—2019）17.2.1、17.2.2-2、17.2.2-3	风口风量： 1. 通风与空调节能工程安装调试完成后，应由建设单位委托具有相应资质的检测机构进行系统节能性能检验并出具报告。受季节影响未进行的节能性能检验项目，应在保修期内补做。

序号	编号	类别	实施对象	实施条款	实施依据	实施内容
						2. 通风、空调（包括新风）系统的风量抽样数量以系统数量为受检样本基数，抽样数量按《建筑节能工程施工质量验收标准》GB50411第3.4.3条的规定执行，且不同功能的系统不应少于1个。 3. 各风口的风量抽样数量以风口数量为受检样本基数，抽样数量按本标准第3.4.3条的规定执行，且不同功能的系统不应少于2个，与设计风量的允许偏差不大于15%。
278	5.2.21	质量管理资料	建设、施工、监理单位	空调水流量、水温、室内环境温度、湿度、噪声检测报告	《通风与空调工程施工质量验收规范》（GB50243—2016）11.2.3-3、11.2.3-4、11.2.3-5、11.2.3-6、11.3.3-2、11.3.3-3、11.3.3-4、11.3.3-5、11.3.4-2	1. 空调水流量： （1）系统非设计满负荷条件下的联合试运转及调试应符合下列规定：空调冷（热）水系统、冷却水系统的总流量与设计流量的偏差不应大于10%。地源（水源）热泵换热器的水温与流量应符合设计要求。 （2）空调系统非设计满负荷条件下的联合试运转应符合下列规定：水系统平衡调整后，定流量系统的各空气处理机组的水流量应符合设计要求，允许偏差应为15%；变流量系统的各空气处理机组的水流量应符合设计要求，允许偏差应为10%。冷水机组的供回水温度和冷却塔的出水温度应符合设计要求；多台制冷机或冷却塔并联运行时，各台制冷机及冷却塔的水流量与设计流量的偏差不应大于10%。 2. 水温： （1）系统非设计满负荷条件下的联合试运转及调试应符合下列规定：制冷（热泵）机组进出口处的水温应符合设计要求。地源（水源）热泵换热器的水温与流量应符合设计要求。 （2）蓄能空调系统联合试运转及调试应符合下列规定：系统运行的充冷时间、蓄冷量、冷水温度、放冷时间等应满足相应工况的设计要求。 3. 室内环境温度： 空调系统非设计满负荷条件下的联合试运转及调试应符合下列规定：舒适性空调的室内温度应优于或等于设计要求，恒温恒湿和净化空调的室内温、湿度应符合设计要求。 4. 湿度： （1）系统非设计满负荷条件下的联合试运转及调试应符合下列规定：舒适空调与恒温、恒湿空调室内的空气温度、相对湿度及波动范围应符合或优于设计要求。 （2）空调系统非设计满负荷条件下的联合试运转及调试应符合下列规定：舒适性空调的室内温度应优于或等于设计要求，恒温恒湿和净化空调的室内温、湿度应符合设计要求。

序号	编号	类别	实施对象	实施条款	实施依据	实施内容
						5. 噪声： 空调系统非设计满负荷条件下的联合试运转及调试应符合下列规定：室内（包括净化区域）噪声应符合设计要求，测定结果可采用 Nc 或 dB（A）的表达方式。
279	5.3	施工记录				
280	5.3.1	质量管理资料	建设、施工、监理单位	水泥进场验收记录及见证取样和送检记录	《建筑工程（建筑与结构工程）施工资料管理规程（DB37/T5072—2016）6.3.14、6.3.15、6.3.16	1. 施工物资进场后施工单位应对进场数量、型号和外观等进行检查，并填写材料、构配件进场检验或设备（开箱）进场检查记录。 2. 施工单位应按国家有关规范、标准的规定对进场物资进行复试或试验；规范、标准要求实行见证时，应按规定进行见证取样。 3. 施工物资进场后，施工单位应报监理单位查验并签认。
281	5.3.2	质量管理资料	建设、施工、监理单位	钢筋进场验收记录及见证取样和送检记录	同上	同上
282	5.3.3	质量管理资料	建设、施工、监理单位	混凝土及砂浆进场验收记录及见证取样和送检记录	同上	同上
283	5.3.4	质量管理资料	建设、施工、监理单位	砖、砌块进场验收记录及见证取样和送检记录	同上	同上
284	5.3.5	质量管理资料	建设、施工、监理单位	钢结构用钢材、焊接材料、紧固件、涂装材料等进场验收记录及见证取样和送检记录	同上	同上
285	5.3.6	质量管理资料	建设、施工、监理单位	防水材料进场验收记录及见证取样和送检记录	同上	同上
286	5.3.7	质量管理资料	施工、设计、监理	桩基试桩、成桩记录	《建筑基桩检测技术规范（JGJ106—2014）3.1.2、3.3.1	1. 当设计有要求或有下列情况之一时，施工前应进行试验桩检测并确定单桩极限承载力： （1）设计等级为甲级的桩基； （2）无相关试桩资料可参考的设计等级为乙级的桩基； （3）地基条件复杂、基桩施工质量可靠性低； （4）本地区采用的新桩型或采用新工艺成桩的桩基。 2. 为设计提供依据的试验桩检测应依据设计确定的基桩受力状态，采用相应的静载试验方法确定单桩极限承载力，检测数量应满足设计要求，且在同一条件下不应少于3根；当预计工程桩总数小于50根时，检测数量不应少于2根。

序号	编号	类别	实施对象	实施条款	实施依据	实施内容
					《建筑工程(建筑与结构工程)施工资料管理规程(DB37/T5072—2016)6.3.35	国家规范标准要求或施工需要对施工过程进行记录时应留有施工记录。
287	5.3.8	质量管理资料	施工单位	混凝土施工记录	《建筑工程(建筑与结构工程)施工资料管理规程(DB37/T5072—2016)6.3.35	国家规范标准要求或施工需要对施工过程进行记录时应留有施工记录。
288	5.3.9	质量管理资料	施工单位	冬期混凝土施工测温记录	《混凝土结构工程施工规范》(GB50666—2011)10.2.8	混凝土运输、输送机具及泵管应采取保温措施。当采用泵送工艺浇筑时,应采用水泥浆或水泥砂浆对泵和泵管进行润滑、预热。混凝土运输、输送与浇筑过程中应进行测温,其温度应满足热工计算的要求。
					《建筑工程(建筑与结构工程)施工资料管理规程(DB37/T5072—2016)6.3.25	冬期混凝土施工时应进行温度测定并填写混凝土养护测温记录。冬期混凝土养护养护测温应绘制测温点布置图,确定测温点的部位和深度等。
289	5.3.10	质量管理资料	施工单位	大体积混凝土施工测温记录	《混凝土结构工程施工规范》(GB50666—2011)8.7.3	1. 混凝土入模温度不宜大于30℃;混凝土浇筑体最大温升值不宜大于50℃。 2. 在覆盖养护或带模养护阶段,混凝土浇筑体表面以内40～100 mm位置处的温度与混凝土浇筑体表面温度差值不应大于25℃;结束覆盖养护或拆模后,混凝土浇筑体表面以内40～100 mm位置处的温度与环境温度差值不应大于25℃。 3. 混凝土浇筑体内部相邻两测温点的温度差值不应大于25℃。
					《建筑工程(建筑与结构工程)施工资料管理规程(DB37/T5072—2016)6.3.26	大体积混凝土施工时应进行测温记录,填写大体积混凝土养护测温记录并附温度测点布置图。
					《大体积混凝土施工标准》(GB50496—2018)6.0.1	大体积混凝土浇筑体里表温差、降温速率及环境温度的测试,在混凝土浇筑后,每昼夜不应少于4次;入模温度测量,每台班不应少于2次。

序号	编号	类别	实施对象	实施条款	实施依据	实施内容
290	5.3.11	质量管理资料	施工单位	预应力钢筋的张拉、安装和灌浆记录	《混凝土结构工程施工规范》（GB50666—2011）6.4.9、6.4.15、6.5.9	1. 预应力筋张拉时，应从零拉力加载至初拉力后，量测伸长值初读数，再以均匀速率加载至张拉控制力。塑料波纹管内的预应力筋，张拉力达到张拉控制力后宜持荷2～5 min。 2. 预应力筋张拉时，应对张拉力、压力表读数、张拉伸长值、锚固回缩值及异常情况处理等作出详细记录。 3. 孔道灌浆应填写灌浆记录。
					《建筑工程（建筑与结构工程）施工资料管理规程》（DB37/T5072—2016）6.3.31	预应力工程施加预应力时应填写预应力筋张拉记录；孔道灌浆时应填写有粘结预应力结构灌浆记录。
291	5.3.12	质量管理资料	施工单位	预制构件吊装施工记录	《建筑工程（建筑与结构工程）施工资料管理规程》（DB37/T5072—2016）6.3.33	大型混凝土构件、预制构配件、钢构件安装时应填写构件吊装记录。
292	5.3.13	质量管理资料	施工单位	钢结构吊装施工记录	《建筑工程（建筑与结构工程）施工资料管理规程》（DB37/T5072—2016）6.3.33	大型混凝土构件、预制构配件、钢构件安装时应填写构件吊装记录。
293	5.3.14	质量管理资料	建设、施工、监理单位	钢结构整体垂直度和整体平面弯曲度、钢网架挠度检验记录	《建筑工程（建筑与结构工程）施工资料管理规程》（DB37/T5072—2016）6.3.32	钢结构（网架结构）在主体工程形成空间刚度单元并连接固定后，应检查整体垂直度、挠度值及安装偏差，并做施工记录。
294	5.3.15	质量管理资料	建设、施工、监理单位	工程设备、风管系统、管道系统安装及检验记录	《建筑工程（建筑设备、安装与节能工程）施工资料管理规程》（DB37/T5073—2016）	建筑给排水及供暖工程、通风与空调工程设备、风管系统、管道系统安装及检验记录按照《建筑工程（建筑设备、安装与节能工程）施工资料管理规程》DB37/T5073 中的相关要求填写。
					《通风与空调工程施工质量验收规范》（GB50243—2016）12.0.5-4	通风与空调工程竣工验收资料应包括下列内容：工程设备、风管系统、管道系统安装及检验记录。

序号	编号	类别	实施对象	实施条款	实施依据	实施内容
295	5.3.16	质量管理资料	建设、施工、监理单位	管道系统压力试验记录	《建筑给水排水及采暖工程施工质量验收规范》（GB50242—2002）4.2.1、8.5.2、8.6.1	1. 室内给水管道的水压试验必须符合设计要求。当设计未注明时，各种材质的给水管道系统试验压力均为工作压力的1.5倍，但不得小于0.6 MPa。 2. 盘管隐蔽前必须进行水压试验，试验压力为工作压力的1.5倍，但不小于0.6 MPa。 3. 采暖系统安装完毕，管道保温之前应进行水压试验。试验压力应符合设计要求。当设计未注明时，应符合下列规定： （1）蒸汽、热水采暖系统，应以系统顶点工作压力加0.1 MPa作水压试验，同时在系统顶点的试验压力不小于0.3 MPa。 （2）高温热水采暖系统，试验压力应为系统顶点工作压力加0.4 MPa。 （3）使用塑料管及复合管的热水采暖系统；应以系统顶点工作压力加0.2 MPa作水压试验，同时在系统顶点的试验压力不小于0.4 MPa。
					《通风与空调工程施工质量验收规范》（GB50243—2016）9.2.2-1、9.2.3	1. 隐蔽安装部位的管道安装完成后，应在水压试验合格后方能交付隐蔽工程的施工。 2. 管道系统安装完毕、外观检查合格后，应按设计要求进行水压试验。当设计无要求时，应符合下列规定： （1）冷（热）水、冷却水与蓄能（冷、热）系统的试验压力，当工作压力小于或等于1.0 MPa时，应为1.5倍工作压力，最低不应小于0.6 MPa；当工作压力大于1.0 MPa时，应为工作压力加0.5 MPa。 （2）系统最低点压力升至试验压力后，应稳压10 min，压力下降不应大于0.02 MPa，然后应将系统压力降至工作压力，外观检查无渗漏为合格。对于大型、高层建筑等垂直位差较大的冷（热）水、冷却水管道系统，当采用分区、分层试压时，在该部位的试验压力下，应稳压10 min，压力不得下降，再将系统压力降至该部位的工作压力，在60 min内压力不得下降、外观检查无渗漏为合格。 （3）各类耐压塑料管的强度试验压力（冷水）应为1.5倍工作压力，且不应小于0.9 MPa；严密性试验压力应为1.15倍的设计工作压力。 （4）凝结水系统采用通水试验，应以不渗漏，排水畅通为合格。
296	5.3.17	质量管理资料	建设、施工、监理单位	设备单机试运转记录	《通风与空调工程施工质量验收规范》（GB50243—2016）11.2.1	1. 通风与空调工程安装完毕后应进行系统调试。系统调试应包括下列内容： （1）设备单机试运转及调试。 （2）系统非设计满负荷条件下的联合试运转及调试。 2. 单机试运转及调试应符合设计与规范要求。

序号	编号	类别	实施对象	实施条款	实施依据	实施内容
					《建筑工程（建筑设备、安装与节能工程）施工资料管理规程》（DB37/T5073—2016）	机电安装工程中所涉及的各类水泵、风机、空调设备以及各类智能化设备在安装完毕后、系统联合试运行前，应进行设备单机试运转并填写单机试运转记录（风机、空压机、水泵等设备应带负荷进行试运转）。设备单机试运行记录应按专业种类填写专用表格，按照《建筑工程（建筑设备、安装与节能工程）施工资料管理规程》DB37/T5073中的相关要求。
297	5.3.18	质量管理资料	建设、施工、监理单位	系统非设计满负荷联合试运转与调试记录	《通风与空调工程施工质量验收规范》（GB50243—2016）11.2.1	1. 通风与空调工程安装完毕后应进行系统调试。系统调试应包括下列内容： （1）设备单机试运转及调试。 （2）系统非设计满负荷条件下的联合试运转及调试。 2. 联合试运转与调试结果应符合设计与规范要求。
					《建筑工程（建筑设备、安装与节能工程）施工资料管理规程》（DB37/T 5073—2016）	1. 通风空调系统非设计满负荷条件下的联合试运转应在通风系统和空调管道系统的所有相关试验结束后并且完成设备单机试运行后进行。按照《建筑工程（建筑设备、安装与节能工程）施工资料管理规程》DB37/T5073中的相关要求，通风空调系统非设计满负荷条件下的联合试运转及调试记录分为TK-045.1（主表）和TK-045.2（附表）。 2. 表格在填写时应注意系统名称和试验时间应填写准确。 3. 主表中应分别填写系统总风量、冷热水总流量（水系统）、冷却水总流量（水系统）、室内温度、室内相对湿度的设计值、实测值和偏差量。 4. 附表中应逐一填写系统工作区域的室内温度实测值和室内相对湿度实测值。 5. 所测取的各项数据应与设计值进行对比，并依据《通风与空调工程施工质量验收规范》GB50243中的相关要求进行判定。
298	5.4	质量验收记录				
299	5.4.1	质量管理资料	建设、勘察、设计、施工、监理单位	地基验槽记录	《建筑地基基础工程施工质量验收标准》（GB50202—2018）附录A	1. 勘察、设计、监理、施工、建设等各方相关技术人员应共同参加验槽。 2. 验槽时，现场应具备岩土工程勘察报告、轻型动力触探记录（可不进行轻型动力触探的情况除外）、地基基础设计文件、地基处理或深基础施工质量检测报告等。 3. 当设计文件对基坑底检验有专门要求时，应按设计文件要求进行。 4. 验槽应在基坑或基槽开挖至设计标高后进行，对留置保护土层时其厚度不应超过100 mm；槽底应为无扰动的原状土。 5. 遇到下列情况之一时，尚应进行专门的施工勘察。

序号	编号	类别	实施对象	实施条款	实施依据	实施内容
						（1）工程地质与水文地质条件复杂，出现详勘阶段难以查清的问题时； （2）开挖基槽发现土质、地层结构与勘察资料不符时； （3）施工中地基土受严重扰动，天然承载力减弱，需进一步查明其性状及工程性质时； （4）开挖后发现需要增加地基处理或改变基础型式，已有勘察资料不能满足需求时； （5）施工中出现新的岩土工程或工程地质问题，已有勘察资料不能充分判别新情况时。 6. 进行过施工勘察时，验槽时要结合详勘和施工勘察成果进行。 7. 验槽完毕填写验槽记录或检验报告，对存在的问题或异常情况提出处理意见。
					《建筑工程（建筑与结构工程）施工资料管理规程（DB37/T5072—2016）6.3.20	单位（子单位）工程的土方开挖分项工程完工后应进行地基验槽。地基验槽应由建设、勘察、设计、监理和施工单位共同进行，并填写地基验槽检查验收记录。检查内容包括基坑位置、平面尺寸、持力层核查、基底绝对高程和相对标高、基坑土质及地下水位等，有桩支护、桩基的工程还应进行桩的检查。地基需处理时，应由勘察、设计单位提出处理意见。
300	5.4.2	质量管理资料	建设、施工、监理单位	桩位偏差和桩顶标高验收记录	《建筑与市政地基基础通用规范（GB55003—2021）5.4.3	1. 灌注桩应对孔深、桩径、桩位偏差、桩身完整性进行检验，嵌岩桩应对桩端的岩性进行检验，灌注桩混凝土强度检验的试件应在施工现场随机留取。 2. 混凝土预制桩应对桩位偏差、桩身完整性进行检验。 3. 钢桩应对桩位偏差、断面尺寸、桩长和垂高进行检验。
					《建筑地基基础工程施工质量验收标准（GB50202—2018）5.1.2、5.1.4、5.5.4、5.6.4、5.7.4、5.8.4、5.9.4、5.10.4、5.11.4	1. 预制桩（钢桩）的桩位偏差应符合规定。 2. 灌注桩的桩径、垂直度及桩位允许偏差应符合规定。 3. 钢筋混凝土预制桩质量检验标准应符合规定。 4. 泥浆护壁成孔灌注桩质量检验标准应符合规定。 5. 人工挖孔桩应复验孔底持力层土岩性，嵌岩桩应有桩端持力层的岩性报告。干作业成孔灌注桩的质量检验标准应符合规定。 6. 长螺旋钻孔压灌桩的质量检验标准应符合规定。 7. 沉管灌注桩的质量检验标准应符合规定。 8. 钢桩施工质量检验标准应符合规定。 9. 锚杆静压桩质量检验标准应符合规定。

序号	编号	类别	实施对象	实施条款	实施依据	实施内容
301	5.4.3	质量管理资料	建设、施工、监理单位	隐蔽工程验收记录	《建筑工程（建筑与结构工程）施工资料管理规程（DB37/T5072—2016）6.3.18	凡国家规范标准规定隐蔽工程检查项目的，应做隐蔽工程检查验收并填写隐蔽工程验收记录，涉及结构安全的重要部位宜留置隐蔽前的影像资料。
302	5.4.4	质量管理资料	建设、施工、监理单位	检验批、分项、子分部、分部工程验收记录	《建筑工程施工质量验收统一标准（GB50300—2013）5.0.5、6.0.1、6.0.2、6.0.3	1. 建筑工程施工质量验收记录可按下列规定填写： （1）检验批质量验收记录可按本标准附录E填写，填写时应具有现场验收检查原始记录； （2）分项工程质量验收记录可按本标准附录F填写； （3）分部工程质量验收记录可按本标准附录G填写； （4）单位工程质量竣工验收记录、质量控制资料核查记录、安全和功能检验资料核查及主要功能抽查记录、观感质量检查记录应按本标准附录H填写。 2. 检验批容量、抽样数量应符合相关规范要求，检验批验收应有现场检查原始记录。检验批应由专业监理工程师组织施工单位项目专业质量检查员、专业工长等进行验收并签字。 3. 分项工程应由专业监理工程师组织施工单位项目专业技术负责人等进行验收并签字。 4. 分部工程应由总监理工程师组织施工单位项目负责人和项目技术负责人等进行验收。勘察、设计单位项目负责人和施工单位技术、质量部门负责人应参加地基与基础分部工程的验收。设计单位项目负责人和施工单位技术、质量部门负责人应参加主体结构、节能分部工程的验收。相关人员应签字。
					《建筑工程（建筑与结构工程）施工资料管理规程（DB37/T5072—2016）6.5.2—6.5.5	1. 施工单位在完成分项工程检验批施工，自检合格后，由项目专业质量检查员填写检验批现场验收检查原始记录和检验批质量验收记录，报请项目专业监理工程师组织有关人员验收确认。 2. 分项工程所包含的检验批全部完工并验收合格后，由施工单位项目专业技术负责人填写分项工程质量验收记录，报请项目专业监理工程师组织有关人员验收确认。 3. 分部（子分部）工程所包含的全部分项工程完工并验收合格后，由施工单位项目负责人填写分部工程质量验收记录，报请项目总监理工程师组织有关人员验收确认。

序号	编号	类别	实施对象	实施条款	实施依据	实施内容
303	5.4.5	质量管理资料	建设、施工、监理单位	观感质量综合检查记录	《建筑工程施工质量验收统一标准》（GB50300—2013）5.0.5、附录H	1. 建筑工程施工质量验收记录可按下列规定填写： （1）检验批质量验收记录可按《建筑工程施工质量验收统一标准》GB50300附录E填写，填写时应具有现场验收检查原始记录； （2）分项工程质量验收记录可按《建筑工程施工质量验收统一标准》GB50300附录F填写； （3）分部工程质量验收记录可按《建筑工程施工质量验收统一标准》GB50300附录G填写； （4）单位工程质量竣工验收记录、质量控制资料核查记录、安全和功能检验资料核查及主要功能抽查记录、观感质量检查记录应按《建筑工程施工质量验收统一标准》GB50300附录H填写。 2. 单位工程观感质量检查记录中的质量评价结果填写"好""一般"或"差"，可由各方协商确定，也可按以下原则确定：项目检查点中有1处或多于1处"差"可评价为"差"，有60%及以上的检查点"好"可评价为"好"，其余情况可评价为"一般"。
					《建筑工程（建筑与结构工程）施工资料管理规程（DB37/T5072—2016）6.6.1	竣工质量验收资料是指工程竣工时必须具备的各种质量验收资料。主要内容有：单位（子单位）工程竣工预验收报审表、单位（子单位）工程质量竣工验收记录、单位（子单位）工程质量控制资料核查记录、单位（子单位）工程安全和功能检验资料核查及主要功能抽查记录、单位（子单位）工程观感质量检查记录等。
304	5.4.6	质量管理资料	建设、施工、监理单位	工程竣工验收记录	《建筑工程施工质量验收统一标准》（GB50300—2013）5.0.5、附录H	1. 建筑工程施工质量验收记录可按下列规定填写： （1）检验批质量验收记录可按《建筑工程施工质量验收统一标准》GB50300附录E填写，填写时应具有现场验收检查原始记录； （2）分项工程质量验收记录可按《建筑工程施工质量验收统一标准》GB50300附录F填写； （3）分部工程质量验收记录可按《建筑工程施工质量验收统一标准》GB50300附录G填写； （4）单位工程质量竣工验收记录、质量控制资料核查记录、安全和功能检验资料核查及主要功能抽查记录、观感质量检查记录应按《建筑工程施工质量验收统一标准》GB50300附录H填写。 2. 验收记录由施工单位填写，验收结论由监理单位填写。综合验收结论经参加验收各方共同商定，由建设单位填写，应对工程质量是否符合设计文件和相关标准的规定及总体质量水平作出评价。单位工程验收时，验收签字人员应由相应单位的法人代表书面授权。